中国民航 CAAC 无人机执照考试培训用书

民用无人驾驶航空器操控员考试培训手册

环球智讯（厦门）低空经济研究院
河北空上航空科技有限公司　组织编写

邱　奇　孙宏伟　王庆斌　贾翰康　张　正　编　著

人民交通出版社
北京

内 容 提 要

本书严格依照考试大纲编写，结合教学和实践经验，从无人机分类、无人机法规、气象知识、模拟飞行、考试训练规则等方面，详细介绍了成为一名合格的无人驾驶航空器操控员所需要掌握的无人机基础知识和实操技能。

本书图文并茂，语言通俗易懂，可作为无人驾驶航空器操控员考试培训用书，也可为广大的无人机爱好者和无人机行业从业者提供一定的学习指导和实践参考。

图书在版编目（CIP）数据

民用无人驾驶航空器操控员考试培训手册 / 环球智讯（厦门）低空经济研究院，河北空上航空科技有限公司组织编写；邱奇等编著. — 北京：人民交通出版社股份有限公司，2025.1. — （中国民航 CAAC 无人机执照考试培训用书）. — ISBN 978-7-114-20266-7

Ⅰ．V279

中国国家版本馆 CIP 数据核字第 2025QQ5855 号

Minyong Wuren Jiashi Hangkongqi Caokongyuan Kaoshi Peixun Shouce

书　　名：	民用无人驾驶航空器操控员考试培训手册
著 作 者：	环球智讯（厦门）低空经济研究院　河北空上航空科技有限公司
	邱　奇　孙宏伟　王庆斌　贾翰康　张　正
责任编辑：	李　娜
责任校对：	赵媛媛
责任印制：	刘高彤
出版发行：	人民交通出版社
地　　址：	（100011）北京市朝阳区安定门外外馆斜街 3 号
网　　址：	http://www.ccpcl.com.cn
销售电话：	（010）85285857
总 经 销：	人民交通出版社发行部
经　　销：	各地新华书店
印　　刷：	北京市密东印刷有限公司
开　　本：	787×1092　1/16
印　　张：	10
字　　数：	206 千
版　　次：	2025 年 1 月　第 1 版
印　　次：	2025 年 7 月　第 3 次印刷
书　　号：	ISBN 978-7-114-20266-7
定　　价：	65.00 元

（有印刷、装订质量问题的图书，由本社负责调换）

编委会

主　编：邱　奇　孙宏伟

副主编：王庆斌　贾翰康　张　正

编　委：史建方　宋　扬　陈　辰
　　　　孙志军　李陆野　孟繁迁
　　　　黄　凯　马　源　郑子彬
　　　　高浩然　朱梓睿　韩泽立
　　　　刘德政　顾亚安　王继川
　　　　张万雄　齐佳硕　李佳城
　　　　徐子涵　张文革　张　宇
　　　　王欢欢　赵　丹　王盼
　　　　管庆海　耿兴兴　曹武华
　　　　李雨昇　杜轩瑶　王天睿
　　　　孙　畅　程悟璟

前 言
PREFACE

在科技浪潮的迅猛推动下，低空经济作为新兴领域正蓬勃发展，民用无人驾驶航空器（又称无人机）成为其中的关键力量。无人机的应用范围广泛，从农林植保、测绘遥感，到物流配送、城市巡检，其身影无处不在，为低空经济注入源源不断的活力，正在深刻地改变着众多行业的生产与运作模式。在此背景下，专业的民用无人驾驶航空器操控员需求也极为旺盛。

民用无人驾驶航空器操控员不仅承担着飞行操作的职责，更是低空领域安全的重要守护者。他们的专业素养与精湛技能，直接维系着飞行安全、空域秩序以及公众的切身利益。因此，相关考试成为筛选合格的操控人才、保障低空经济稳健发展的关键关卡。

本书专为备考者量身打造，旨在提供全面、系统且实用的指导。内容严格依照考试大纲，深度剖析理论知识，细致梳理实际操作要点，并穿插大量翔实的案例与模拟试题。无论你是初涉无人机领域的新手，还是寻求技能进阶的从业者，本书都将成为你备考路上的得力助手。

本书由环球智讯（厦门）低空经济研究院和河北空上航空科技有限公司联合组织编写，邱奇、孙宏伟主编，其余参与编写的人员有：王庆斌、贾翰康、张正等。

鉴于编者水平有限，书中难免存在疏漏，恳请读者批评指正。衷心期望各位读者通过本书扎实备考，顺利通过考试，投身无人机行业，为低空经济的腾飞贡献力量。

编者
2025 年 1 月

随着国内无人机应用场景的增加，越来越多的无人机出现在我们身边。然而无人机操控员在没有驾驶资质和未申请空域的情况下，操控无人机升空属于违法行为，要受到处罚。若造成重大事故或者严重后果，要依法追究刑事责任。中国民用航空局于 2013 年 11 月 18 日下发了《民用无人驾驶航空器系统驾驶员管理暂行规定》（AC-61-FS-2013-20），对出现的无人机及其系统的驾驶员实施指导性管理，并将根据行业发展情况随时修订。为进一步规范化管理，中国民用航空局出台了《民用无人机驾驶员管理规定》。根据规定，所有操作 250g 以上无人机进行飞行的操控员，必须要持有相应等级的无人机驾驶员执照。

报 考 要 求

（一）执照报名要求

根据 CCAR-61 部规定，凡报名中国民航无人机驾驶员执照驾驶员等级的申请人，必须年满 16 周岁；具有初中或者初中以上文化程度；能正确读、听、说、写汉语，无影响双向无线电对话的口音和口吃。报名需提供小二寸、近期、白底、免冠、电子版证件照，身份证正反面照片，并填写《中国民航民用无人机驾驶员报名表》。

学员有下列情形之一的，不得申请驾驶员合格证：

1. 有器质性心脏病、癫痫病、美尼尔氏症、眩晕症、癔病、震颤麻痹、精神病、痴呆以及影响肢体活动的神经系统疾病等妨碍安全飞行疾病的；
2. 吸食、注射毒品，长期服用依赖性精神药品成瘾尚未戒除的；
3. 法律、行政法规规定的其他情形；
4. 其他影响飞行安全的不良嗜好。

（二）考试要求

理论考试前，申请人须出示本人的居民身份证。如未携带本人身份证，则需出具公安部门的带照片的户籍证明，或高铁、机场公安部门出具的临时身份证明并携带申请人本人身份证复印件或户口本复印件。

实践考试前 24 个日历月内已通过了必需的理论考试。

实践考试成绩有效期自综合问答通过之日起，至 120 个日历日后止，申请人应在该有效期内通过实践考试；如有效期内未通过实践考试，则实践考试所有科目成绩无效，需重新参加实践考试。

理论补考日期与上一次间隔最少为 28 个日历日。实践补考日期与上一次间隔最少为 15 个日历日。

（三）飞行记录本填写时间及注意事项

1. 视距内驾驶员的飞行经历要求

根据民航局有关管理规定，驾驶员执照的申请人应当具有操纵有动力的无人机至少 44h 的飞行经历时间。

对于多旋翼类别驾驶员合格证申请人，由授权教员提供不少于 10h 带飞训练，不少于 5h 单飞训练，计入驾驶员飞行经历的飞行模拟训练时间不多于 22h；

对于除多旋翼类别外其他类别驾驶员合格证申请人，由授权教员提供不少于 16h 带飞训练，不少于 6h 单飞训练，计入驾驶员飞行经历的飞行模拟训练时间不多于 8h。

2. 超视距驾驶员的飞行经历要求

根据民航局有关管理规定，超视距驾驶员合格证的申请人应当具有操纵有动力的无人机至少 56h 的飞行经历时间。

对于多旋翼类别超视距驾驶员合格证申请人，由授权教员提供不少于 15h 带飞训练，不少于 5h 单飞训练，计入驾驶员飞行经历的飞行模拟训练时间不多于 28h；

除多旋翼类别外其他类别超视距驾驶员合格证申请人，由授权教员提供不少于 20h 带飞训练，不少于 6h 单飞训练，计入驾驶员飞行经历的飞行模拟训练时间不多于 12h。

3. 教员的飞行经历及训练要求

教员等级合格证申请人应具有 100h 操纵其申请的类别及级别等级航空器并担任超视距驾驶员的飞行经历时间。教员等级合格证申请人应接受不低于 20h 实践飞行训练。

目 录
CONTENTS

第1章 认识无人机……………………………………………………1

1.1 无人机分类………………………………………………………3
1.1.1 按飞行平台分类 ……………………………………………3
1.1.2 按用途分类 …………………………………………………7
1.1.3 按尺度分类 …………………………………………………9
1.1.4 按任务高度分类 ……………………………………………9
1.1.5 按活动半径分类 ……………………………………………9
1.1.6 按类别分类 ………………………………………………10

1.2 四种常见的无人机……………………………………………10
1.2.1 无人直升机 ………………………………………………10
1.2.2 多旋翼无人机 ……………………………………………13
1.2.3 滑跑固定翼无人机 ………………………………………16
1.2.4 垂直起降固定翼无人机 …………………………………19

1.3 无人机的动力系统组成………………………………………22

第2章 无人机法规…………………………………………………25

2.1 无人机运行管理法规…………………………………………27
2.2 民航管制部门…………………………………………………27
2.3 空域知识………………………………………………………28

2.3.1 空域的概念 ·· 28
2.3.2 空域的管理模式 ·· 28
2.3.3 我国空域的基本分类 ·································· 28
2.3.4 低空空域的开放与分类 ······························ 28
2.3.5 空域运行要求 ·· 29
2.3.6 申报飞行计划 ·· 29

第3章 气象知识 ·· 31

3.1 天气图与气象卫星云图 ·· 33
3.2 高压、高压脊 ·· 33
3.3 低压、低压槽 ·· 33
3.4 倒槽、气旋波 ·· 33
3.5 槽线、切变线 ·· 33
3.6 冷锋、暖锋、静止锋 ·· 34
3.7 冰雹 ·· 34
3.8 人工降水 ··· 34
3.9 风 ··· 34

第4章 模拟飞行 ·· 37

4.1 认识模拟器 ·· 39
    4.1.1 学习目标 ·· 39
    4.1.2 课程安排 ·· 39
4.2 配置遥控器 ·· 39
4.3 模拟器练习 ·· 43

第5章 考试训练规则 ·· 45

5.1 旋翼机（多旋翼/直升机） ···································· 47

　　　　5.1.1　视距内考试内容与考试要点 …………………………………… 47
　　　　5.1.2　超视距考试内容与考试要点 …………………………………… 48
　　　　5.1.3　教员考试内容与考试要点 ……………………………………… 51
　　5.2　固定翼（滑跑固定翼/垂直起降固定翼）………………………………… 52
　　　　5.2.1　视距内考试内容与考试要点 …………………………………… 52
　　　　5.2.2　超视距考试内容与考试要点 …………………………………… 54
　　　　5.2.3　教员考试内容与考试要点 ……………………………………… 56

第6章　模拟考试 ……………………………………………………………… 59

第 1 章

认识无人机

民用无人驾驶航空器操控员考试
培训手册

第 1 章 认识无人机

1.1 无人机分类

1.1.1 按飞行平台分类

1.1.1.1 无人飞艇

无人飞艇是一种轻于空气的航空器,它与热气球最大的区别在于具有推进和控制飞行状态的装置(图 1-1)。飞艇由巨大的流线型艇体、位于艇体下面的吊舱、起稳定控制作用的尾面和推进装置组成。艇体的气囊内充以密度比空气小的浮升气体(有氢气或氦气),借以产生浮力使飞艇升空。吊舱供装载设备和装载货物。

图 1-1 无人飞艇

尾面用来控制和保持航向、俯仰的稳定。大型无人飞艇还可以用于运输、娱乐、赈灾、影视拍摄、科学实验等。例如,发生自然灾害时,通信中断,这时就可以迅速发射一个信号中继器,通过飞艇吊舱搭载的信号中继器,就能够在非常短的时间内完成对整个灾区的移动通信恢复。

1.1.1.2 伞翼无人机

伞翼无人机是一种基于伞翼结构设计的无人机,最初是为了执行情报监测任务而开发的(图 1-2)。伞翼无人机在低速飞行时能够保持稳定的飞行状态,适用于需要长时间飞行、大范围侦察或监测任务的场景。

例如,在环境监测领域,伞翼无人机可以根据需要对地球各个方面进行监测。伞翼无人机在低速飞行时能够保持稳定的飞行状态,适用于长航时的飞行和大范围的搜索、侦察、监视任务。

图 1-2 伞翼无人机

1.1.1.3 扑翼无人机

相较于其他种类无人机，扑翼无人机是一种新型无人机，它运用扑翼的运动原理（鸟类扇动翅膀的原理）达到飞行效果，由于具有潜在机动性、携带载荷能力和适应复杂环境的优势而备受关注（图1-3）。

图 1-3 扑翼无人机

但扑翼无人机在稳定性和工程复杂性方面还存在挑战，目前仍处于不断研究和发展阶段。扑翼无人机应用面很广，未来发展前景广阔。

1.1.1.4 无人直升机

无人直升机是一种外形与传统直升机相似的无人机，可以在垂直方向上起降并悬停，在飞行过程中具有高度的机动性（图1-4）。

图1-4　无人直升机

无人直升机适用于军事侦察、海事巡逻和应急救援等领域。例如在军事侦察领域中，无人直升机可以根据需要随时进行各种改装，通过搭载不同的挂载，适用于不同的侦察任务，而且飞行速度相比固定翼无人机会略微慢一点，更适合实施突袭侦察。

1.1.1.5　多旋翼无人机

多旋翼无人机是目前应用最为广泛的无人机之一。它通常由"X"形的机架和四个螺旋桨构成（图1-5）。

图1-5　多旋翼无人机

多旋翼无人机具有垂直起降、悬停、操作灵活、体积小、成本低等优点。多旋翼无人机适用于影视航拍、武装侦察、电力巡检、航空摄影测量等领域。例如在武装侦察时，多旋翼无人机可以通过其自身的高度机动性，通过自身传输回来的第一视角视频图像，侦察敌人所在位置与事实情况，再利用其自身的不同挂载从而达到察打一体。

1.1.1.6　滑跑固定翼无人机

固定翼无人机相较于其他种类的无人机，飞行速度快、载荷大、续航能力强（图1-6）。

固定翼无人机适用于军事侦察与打击、航空摄影测量等领域。

图 1-6　滑跑固定翼无人机

例如在航空摄影测量应用中，固定翼无人机可以通过搭载的各种型号和类别的相机，对地拍摄、采样扫描，适合大面积作业，后期经过电脑的处理可以得到我们想要的高精度地理信息影像或三维模型；在军事应用领域，固定翼无人机可以配备各种侦察与打击系统，协助军队完成察打一体任务。

1.1.1.7　垂直起降固定翼无人机

垂直起降固定翼相当于多旋翼和固定翼的一个结合体，垂直起降固定翼无人机解决了固定翼无人机起飞需要滑跑爬升的需求，同时在空中作业的情况下又弥补了多旋翼无人机续航短的不足（图 1-7）。

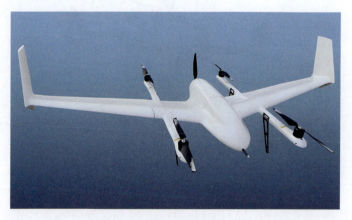

图 1-7　垂直起降固定翼无人机

垂直起降固定翼无人机目前主要应用于城市之间的长距物资运输、森林巡线、航空摄影测量等领域。例如在城市之间长距离的运输医疗物资（如血浆、医药），它能够垂直起降，弥补了市区起飞滑跑距离的不足，升到一定高度后自动切换到固定翼模式，增加了续航时间，弥补了多旋翼的续航短等问题。

1.1.2 按用途分类

1.1.2.1 军用无人机

目前军用无人机主要通过遥控无线电、电脑自动化程序和卫星中继等综合控制（图1-8）。作为现代空中军事力量中的一员，具有隐蔽性好、效益高、无人员伤亡等特点，在现代战争中的地位和作用日益突出。

图1-8 翼龙察打一体无人机

1.1.2.2 民用无人机

1）巡线无人机

巡线无人机主要是通过无人机对电力生产、输送线路和石油管道等重要线路进行高效率巡查，减少人力检查巡视的一种高效益工具，发现问题，解决问题，避免造成更大的经济损失（图1-9）。

图1-9 巡线无人机

2）航拍无人机

航拍无人机就是通过无人机机载摄像机拍摄以传统拍摄手段难以达到的高空视角和独特画面，为作品增添视觉冲击力（图1-10）。

图 1-10　航拍无人机

3）植保无人机

植保无人机通过无人机搭载自动喷雾或者自动播撒机,对农田进行病虫害的灭杀工作以及化肥的播撒工作（图 1-11）。

图 1-11　植保无人机

4）测绘无人机

测绘无人机利用飞机的高视角,快速拍摄获取到大面积地形地貌等数据,用于地图绘制、土地规划等,提高工作效率和数据精准性（图 1-12）。

图 1-12　测绘无人机

5）气象无人机

气象无人机通过无人机搭载的气象传感器,高效快速地测量出偏远地区、海洋以及灾区的气象环境数据(图 1-13)。

图 1-13　气象无人机

1.1.3　按尺度分类

按尺度分类如图 1-14 所示。

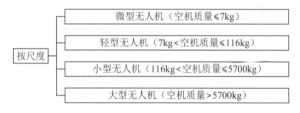

图 1-14　按尺度分类

1.1.4　按任务高度分类

按任务高度分类,如图 1-15 所示。

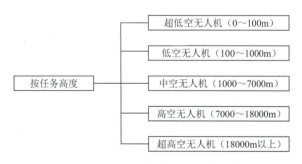

图 1-15　按任务高度分类

1.1.5　按活动半径分类

按活动半径分类,如图 1-16 所示。

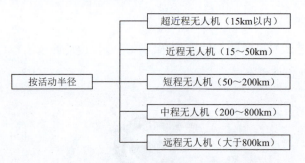

图 1-16 按活动半径分类

1.1.6 按类别分类

按类别分类如图 1-17 所示。

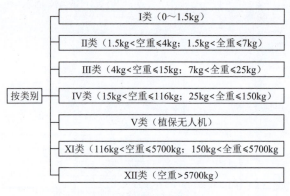

图 1-17 按类别分类

1.2 四种常见的无人机

1.2.1 无人直升机

1.2.1.1 无人直升机的定义

无人直升机的外形与传统直升机相似，无人直升机凭借垂直起降、空中悬停、着陆场小、部署灵活等优势，可执行侦察、监视、目标截获、诱饵、攻击、通信中继等各种非杀伤性和杀伤性任务。例如在军事侦察领域中，无人直升机可以根据需要，随时进行各种改装，通过搭载不同的挂载，适用于不同的侦察任务，而且飞行速度相比固定翼无人机会稍微慢一点，更适合实施突袭侦察。

1.2.1.2 无人直升机的应用领域

无人直升机在多个领域都有广泛应用，主要包括军事、农业植保、应急救援、森林消防、城市灭火等。如图 1-18～图 1-21 所示。

第 1 章　认识无人机

图 1-18　无人直升机挂载导弹

图 1-19　无人直升机植保

图 1-20　无人直升机空投物资

图 1-21　无人直升机高层灭火

1.2.1.3　无人直升机的特点和系统组成

无人直升机通常由一个主旋翼和一个尾桨组成，通过尾桨的推力，抵消主旋翼带来的扭力，从而达到飞机的飞行平衡。相对于多旋翼来说，它的载重能力更大，但其机械结构复杂，不易维护。无人直升机主要由机身架、动力系统、主旋翼、尾桨、飞控、电池和遥控器组成，如图 1-22 所示。

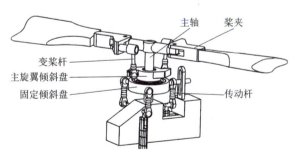

图 1-22　直升机结构图

主旋翼：提供飞机上升的升力；

尾桨：抵消主旋翼带来的扭力，从而使飞机达到平衡；

传动杆：负责传递舵机传导的指令使倾斜盘倾斜；

桨夹：夹住适配的螺旋桨；

主轴：负责转动螺旋桨主旋翼；

变桨杆：改变螺旋桨的正负螺距；

1.2.1.4 无人直升机的飞行原理

1）飞机进行俯仰运动

飞机前侧两个拉杆向下，后面拉杆向上，飞机实现向前运动，反之飞机向后运动，如图 1-23 所示。

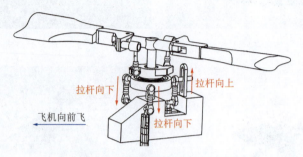

图 1-23　直升机俯仰运动原理图

2）飞机进行滚转运动

飞机右侧两个拉杆向下，左面和后面拉杆向上，飞机实现向右滚转运动，反之飞机向左滚转运动，如图 1-24 所示。

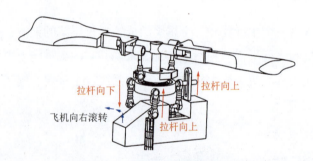

图 1-24　直升机滚转运动原理图

3）飞机进行偏航运动

飞机尾桨提高转速，向右的推力增大，飞机机头向右转弯，飞机实现向右偏航，反之飞机向左偏航，如图 1-25 所示。

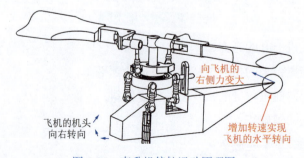

图 1-25　直升机偏航运动原理图

1.2.2 多旋翼无人机

1.2.2.1 多旋翼无人机的定义

多旋翼无人驾驶飞行器,简称多旋翼无人机,一般是具有三个及三个以上螺旋桨的旋翼轴无人机,具有垂直起降、低空飞行、空中悬停、原地水平转向等多项功能。目前,多旋翼无人机因为其结构简单、成本低廉、易操控、稳定性高等特点,广泛应用于诸多领域,引起越来越多的关注和重视。

多旋翼无人机驾驶员可以通过遥控器或者使用地面站对无人机进行指挥规划航线飞行。多旋翼无人机对起飞环境要求低,可以在多种复杂空间和复杂环境内进行垂直起降,可以在各种环境中随意飞行,机动性高,适应性非常强。

1.2.2.2 多旋翼无人机的应用领域

多旋翼无人机的应用领域根据航程、航时、速度及有效功能载荷来决定,通常民用无人机主要根据任务载荷的具体要求来设计。常见的有影视航拍无人机、航空摄影测量无人机、电力巡线无人机、农业植保无人机等,如图 1-26～图 1-29 所示。

图 1-26　影视航拍无人机

图 1-27　航空摄影测量无人机

图 1-28　电力巡线无人机

图 1-29　农业植保无人机

随着多旋翼无人机的广泛应用,各式各样的机型也应运而生,包括四旋翼、六旋翼、八旋翼、X6、X8 等型号,其功能越来越完善,载重能力、机动性能、稳定性能都在大幅提升。

1.2.2.3 多旋翼无人机的特点和系统组成

多旋翼无人机通常有 3 个以上的旋翼，也就是有 3 个以上的动力输出轴，通过不同旋翼的相对转速来做出各种各样的动作，实现不同的作业目的。相比于传统的直升机，多旋翼结构简单、操作简单、易于维护、稳定性高并且携带方便，应用十分广泛。多旋翼无人机系统由机械子系统、飞控子系统、动力子系统、通信子系统组成（图 1-30）。多旋翼无人机主要由机架、电机、电调、桨叶、飞控、电池和遥控器组成。

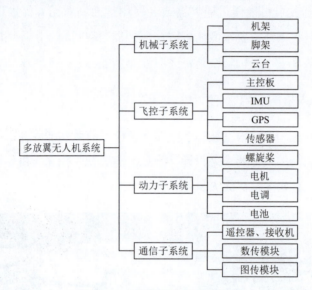

图 1-30　多旋翼无人机系统组成

1）机架

机架是整个多旋翼飞行系统的承载平台，主要功能是装载任务载荷、动力电池或燃料，同时又是其他结构部件的安装基础。机架应具备耐用性、安全性，合理的空气气动布局和便携性等特点，机架的主要指标是载荷能力和轴距，如图 1-31 所示。

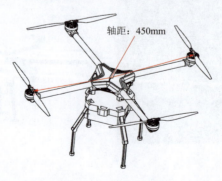

图 1-31　多旋翼机架

轴距是指对角两个电机轴之间的距离，单位为 mm，可用于衡量机架的大小。

2）脚架

多旋翼的脚架类似直升机的滑撬式起落架（起缓冲作用），在停放、起飞、降落时都起到重要的作用。

脚架的作用大致可分为以下几种：

（1）支撑多旋翼无人机的重量；

（2）抬高机身和机臂，避免螺旋桨离地太近，碰到周围障碍物；

（3）减弱起飞时产生的地面效应，防止飞机失控；

（4）缓冲、消耗、吸收多旋翼着陆时所造成的冲击力；

（5）保护载荷设备，防止机载任务设备触地，减少损失。

3）机载设备

机载设备一般固定在云台上，如航拍类、航测类多旋翼无人机大多会加装云台来挂载和控制相机拍摄，如图 1-32、图 1-33 所示。

图 1-32　大疆 M300RTK 无人机

图 1-33　大疆禅思 P1 云台

1.2.2.4　多旋翼无人机的飞行原理

1）飞机进行垂直运动

当 1、2、3、4 号电机均匀加速时，飞机垂直起飞，均匀减速，飞机降落，如图 1-34 所示。

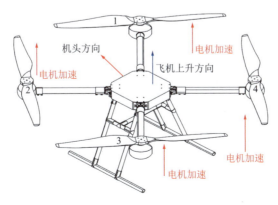

图 1-34　多旋翼垂直运动原理图

2）飞机进行俯仰运动

当1、2号电机减速，3、4号电机加速时，飞机向前飞行，反之飞机向后飞行，如图1-35所示。

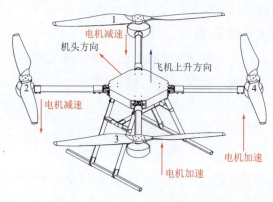

图1-35　多旋翼俯仰运动原理图

3）飞机进行偏航运动

四旋翼飞行器偏航运动可以借助旋翼产生的反扭矩来实现。

旋翼转动过程中由于空气阻力作用会形成与转动方向相反的反扭矩，为了克服反扭矩影响，可使四个旋翼中的两个顺时针，两个逆时针转，且对角线上的各个旋翼转动方向相同。

当2、4号电机加速，1、3电机减速时，飞机水平向右偏航，反之飞机向左偏航，如图1-36所示。

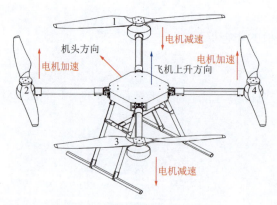

图1-36　多旋翼偏航运动原理图

1.2.3　滑跑固定翼无人机

1.2.3.1　滑跑固定翼无人机的定义

固定翼飞机通常被简称为飞机，它是发动机运转工作产生前进的推力或拉力，由固定在机身上的机翼产生升力，在大气层内飞行的重于空气的航空器，如图1-37、图1-38所示。

它是最常见的一种固定翼航空器,常用的发动机为电动机、燃油发动机、涡喷发动机。

图 1-37 察打一体固定翼无人机

图 1-38 航空摄影测量固定翼无人机

1.2.3.2 滑跑固定翼无人机的应用领域

滑跑固定翼无人机因飞行效率高、航程远、载荷能力强等特点,在多个领域有广泛应用,固定翼无人机适用于军事侦察与打击,航空摄影测量等领域。

1.2.3.3 滑跑固定翼无人机的特点和系统组成

固定翼无人机空气动力效率高,可快速地进行远距离飞行,适合长航时、大范围的任务。

它的结构和飞行原理促使其在平稳气流中飞行姿态稳定,受气流干扰时能够依靠自身空气动力学特性去调整,机身储物空间大可满足多种机载任务设备的装载。

滑跑固定翼无人机整体组成包括机身、机翼、尾翼、起落架等,如图 1-39 所示。

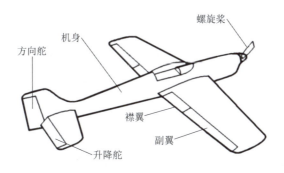

图 1-39 机身系统结构图

机身用于安装控制设备、动力设备和机载任务设备;
机翼负责产生飞机上升和滚转运动的升力;
尾翼控制飞行航向与俯仰角;
起落架用于飞机的滑跑起飞与滑跑起降。

1.2.3.4 滑跑固定翼无人机的飞行原理

空气流速大的地方压强小,反之压强大。所以飞机的舵面向上,机翼上部空气流速变慢，压强变大，空气对舵面产生压力，从而使该舵面连接的机翼向下运动。如图1-40所示。

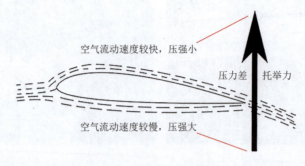

图1-40　舵面工作原理

1）飞机进行俯仰运动

飞机尾部水平尾翼舵面向上抬，舵面受到向下的压力，水平尾翼向下压，机头翘起，实现飞机爬升起飞的过程，如图1-41所示。

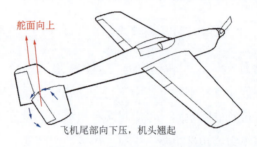

图1-41　固定翼俯仰运动原理图

2）飞机进行滚转运动

飞机左机翼舵面向上抬，右机翼舵面向下压，左机翼舵面受到向下的压力，右机翼舵面受到向上的压力。飞机实现左滚转，右滚转和左滚转原理一样，动作相反，如图1-42所示。

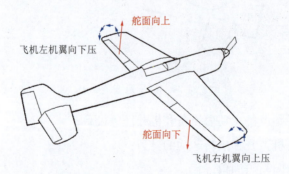

图1-42　固定翼滚转运动原理图

3）飞机进行偏航运动

飞机尾部垂直尾翼舵面向上抬，舵面受到向下的压力，水平尾翼向下压，机头翘起，实现飞机爬升起飞过程，如图1-43所示。

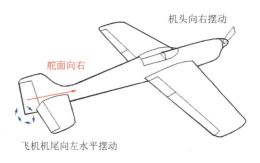

图1-43　固定翼偏航运动原理图

1.2.4　垂直起降固定翼无人机

1.2.4.1　垂直起降固定翼无人机的定义

垂直起降固定翼无人机是一种融合了固定翼与多旋翼飞机特点的无人驾驶飞行器。它具备固定翼飞机的机翼结构，在巡航过程中依靠机翼产生升力，以实现高效的巡航飞行，从而具备航程远、速度快、巡航高度较高等优势，可执行长航时的任务。

1.2.4.2　垂直起降固定翼无人机的应用领域

垂直起降固定翼无人机既可以效仿多旋翼模式的起飞，又可以效仿滑跑固定翼无人机的长续航工作，在多个领域有广泛应用。固定翼无人机适用于军事侦察与打击、航空测绘、快递运输等领域，如图1-44～图1-46所示。

图1-44　垂直起降固定翼无人机军事侦察打击

图1-45　垂直起降固定翼无人机航空测绘

图1-46　垂直起降固定翼无人机快递运输

1.2.4.3 垂直起降固定翼无人机的特点和系统组成

垂直起降固定翼无人机弥补了滑跑固定翼无人机起飞受限制以及多旋翼无人机的续航短的缺点，在效仿多旋翼垂直起降的前提下，具有巡航时的飞行效率高、航程距离、载荷能力强等特点。

垂直起降固定翼无人机整体组成包括机身、机翼、尾翼、垂起臂、垂直起降电机、起落架等，如图1-47所示。

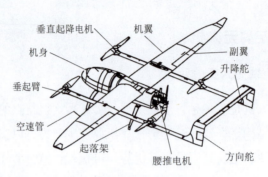

图1-47　机身系统结构图

机身用于安装控制设备、动力设备和机载任务设备；
机翼负责产生飞机上升和滚转运动的升力（垂直起降电机负责起飞阶段的升高）；
尾翼控制飞行航向与俯仰角；
起落架用于飞机的滑跑起飞与滑跑起降。

1.2.4.4 垂直起降固定翼无人机的飞行原理

1）飞机进行垂直运动

当1、2、3、4号电机均匀加速，飞机垂直起飞，均匀减速，飞机降落，如图1-48所示。

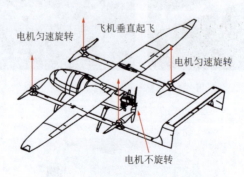

图1-48　垂直起降固定翼垂直运动原理图

2）飞机进行俯仰运动

飞机尾部水平尾翼舵面向上抬，舵面受到向下的压力，水平尾翼向下压，机头翘起，实现飞机爬升盘旋升高的过程，如图1-49所示。

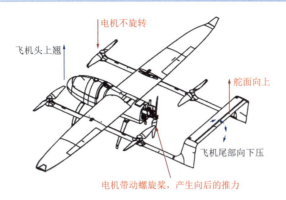

图 1-49　垂直起降固定翼俯仰运动原理图

3）飞机进行滚转运动

飞机左机翼舵面向上抬，右机翼舵面向下压，左机翼舵面受到向下的压力，右机翼舵面受到向上的压力。飞机实现左滚转，右滚转和左滚转原理一样，动作相反，如图 1-50 所示。

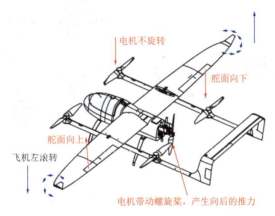

图 1-50　垂直起降固定翼滚转运动原理图

4）飞机进行偏航运动

飞机尾部垂直尾翼舵面向上抬，舵面受到向下的压力，水平尾翼向下压，机头翘起，实现飞机爬升起飞过程，如图 1-51 所示。

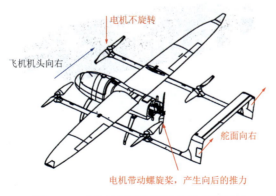

图 1-51　垂直起降固定翼偏航运动原理图

1.3 无人机的动力系统组成

（1）电池。无人机所用的动力电池为锂聚合物电池（图1-52），其中S：串联（电压翻倍，跟电池容量无关）；P：并联（电池容量翻倍，跟电池电压没有关系）；mAh：毫安时，电池容量；C：放电倍率（最大电流＝电池容量×放电倍率）；平衡头：电池的平衡头，有S＋1根线。

电压：锂聚合物电池理论最低电压为3.2V，标准电压为3.7V，满电电压为4.2V，储存电压为3.85V。

6s 22000mAh 电池如图1-53所示，由其参数得知，标准电压为22.2V，满电为25.2V，放电倍率为25C。

图1-52　电池参数

图1-53　6s 22000mAh 电池

例：1C放电，电池以22A的电流放电，1小时放完；2C放电，电池以44A的电流放电，半小时放完。最大放电电流 22A×25C＝550A。（遥控器用锂聚合物电池，单节额定电压1.2V，满电电压1.4V）

（2）电调（图1-54）。用ESC表示，表面参数代表电调的最大瞬间通过电流，是否有额外的飞控供电（BEC）等。

图1-54　40A 电调

电调有7根或者8根线（区别为是否带有给飞控供电的BEC-5V红色杜邦线），如图1-55、图1-56所示。其中两根最粗的线连接电池，三根中等粗度的线连接电机，任意改变两根线的连接顺序可以改变电机转向，三根最细的线连接飞控。电调的作用是，将电池输出的直流电转换为三相交流电传递给电机，通过改变电压控制电机转速。注意：选择电调的时候，必须选择额定电流比电机的额定电流大一些的电调，以防烧坏电调。

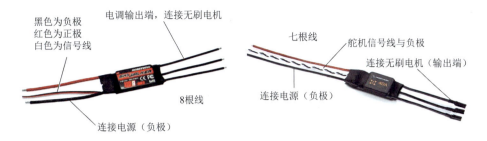

图 1-55　40A 电调有 BEC　　　　　图 1-56　40A 电调无 BEC

（3）电机。三相无刷外转子电机，参数示例：2212/1400kV。如图 1-57、如图 1-58 所示。其中 2212 是指，定子的直径 22mm 定子的高度 12mm。kV 值是一个固定的参数，表示每额外增加 1V 电压，电机额外增加的空转转速，螺旋桨转速 = 电压 × kV 值。扁粗电机扭矩大，转速慢，适合大载重；细长电机扭矩小，转速高，适合竞技类活动。

图 1-57　2212/1400kV 无刷电机　　　图 1-58　无刷电机定子线圈

（4）螺旋桨。示例 1045R（图 1-59），其中 10 表示桨的直径，用英寸（in）表示，45 代表螺距（跟螺丝相仿，表示桨旋转一周上升，或前进的距离。R 表示反桨，也用 CW（顺时针转）表示，CCW 为正桨（逆时针转），和电机不同桨的单位是英寸，所以要注意单位之间的换算 1in = 25.4mm。根据升力公式，桨叶一般都要设计成几何扭转型，桨根处迎角远大于桨尖处迎角，桨尖处线速度远大于桨根处线速度。

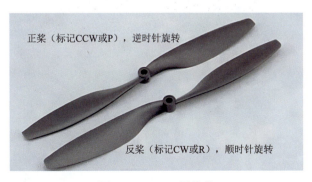

图 1-59　1045R 螺旋桨

第 2 章

无人机法规

民用无人驾驶航空器操控员考试
培训手册

2.1 无人机运行管理法规

（1）《中华人民共和国民用航空法》：为了维护国家的领空主权和民用航空权利，保障民用航空活动安全和有秩序地进行，保护民用航空活动当事人各方的合法权益，促进民用航空事业的发展而制定的法律。

《中华人民共和国民用航空法》由第八届全国人民代表大会常务委员会第十六次会议1995年10月30日经审议通过，自1996年3月1日实施。

（2）《中华人民共和国飞行基本规则》：是为了维护国家领空主权，规范中华人民共和国境内的飞行活动，保障飞行活动安全有秩序地进行，而制定的规则。

2000年7月24日中华人民共和国国务院、中华人民共和国中央军事委员会令第288号公布，《中华人民共和国飞行基本规则》自2001年8月1日零时起施行。2007年10月18日，根据《国务院、中央军委关于修改〈中华人民共和国飞行基本规则〉的决定》第二次修订，自2007年11月22日零时起施行。

（3）中国民用航空局于2017年5月16日下发《民用无人驾驶航空器实名制登记管理规定》（以下简称《规定》）。该《规定》适用于在中华人民共和国境内最大起飞重量为250g以上（含250g）的民用无人机。民用无人机是指没有机载驾驶员操纵、自备飞行控制系统，并从事非军事、警察和海关飞行任务的航空器，不包括航空模型、无人驾驶自由气球和系留气球。《规定》要求，自2017年6月1日起，民用无人机制造商和民用无人机拥有者须在"中国民用航空局民用无人机实名登记系统"上申请账户，民用无人机制造商在系统中填报其所有产品的信息，民用无人机拥有者在该系统中实名登记其个人及其拥有产品的信息，并将系统给定的登记标志粘贴在无人机上。

（4）我国低空、慢速、微轻小型无人机数量快速增加，为了规范此类民用无人机的运行，依据CCAR-91部《一般运行和飞行规则》，中国民用航空局飞行标准司于2015年12月29日正式发布《轻小无人机运行规定》（试行）。

（5）2018年12月29日，第十三届全国人民代表大会常务委员会第七次会议通过《关于修改〈中华人民共和国劳动法〉等七部法律的决定》，对《中华人民共和国民用航空法》进行了第五次修正。

2.2 民航管制部门

（1）机场管制（塔台管制区）一般包括起落航线、仪表进近程序、第一等待高度层及其以下的空间和机场机动区。

（2）进近管制室主要负责进近管制区的空中交通管制服务、飞行情报和告警服务，为落地飞机排序，为离场航空器加入航路，根据飞行繁忙程度也可以与机场管制塔台合为一个单位。

（3）航路交通管制中心（区域管制）离开进近管制区，飞机就飞入航路。航路上的空中交通管制叫作区域管制。

2.3 空域知识

2.3.1 空域的概念

空域指地球表面以上可供航空器飞行的空气空间。同国家的领土、领海一样，是国家经济社会发展的重要战略资源。

2.3.2 空域的管理模式

我国的空管体制实行"统一管制，分别指挥"。

在国务院、中央军委空中交通管制委员会（简称国家空管委）的领导下，由空军负责实施全国的飞行管制，军用飞机由空军和海军航空兵实施指挥，民航飞行和外航飞行由民航实施指挥。

2.3.3 我国空域的基本分类

（1）飞行情报区（Flight Information Region，简称 FIR），是由国际民航组织（ICAO）所划定，是指为提供飞航情报服务和告警服务而划定范围的空间。

（2）管制空域（Controlled Airspace），为航空术语，指空域划分的一个类别，在其中飞行的航空器要接受空中交通管制服务。

（3）特殊空域（Special Airspace），是指根据需要，经批准划设的空域，如危险区、限制区、禁区。

2.3.4 低空空域的开放与分类

1）低空空域的开放

我国正在开放低空空域，原则上是指全国范围内真高 1000m（含）以下区域。山区和高原地区根据实际需要，经批准后可适当调整高度范围。

2）低空空域的分类

（1）管制空域

管制空域是指提供空中交通管制服务、飞行情报服务、航空气象服务、航空情报服务和告警服务的空域。

（2）监视空域

监视空域是指提供飞行情报服务、航空气象服务、航空情报服务和告警服务的空域。

（3）报告空域

报告空域是指提供航空气象服务和告警服务，并根据用户需求提供航空情报服务的空域。

2.3.5 空域运行要求

目前我国民用无人驾驶航空器系统使用空域分为融合空域和隔离空域。

1）融合空域

融合空域指无人机与其他有人驾驶航空器同时运行的空域。

2）隔离空域

隔离空域指专门分配给无人机系统运行的空域，通过限制其他航空器的进入以规避碰撞风险。

2.3.6 申报飞行计划

无论是在融合空域还是在隔离空域实施飞行，都要预先申请，经过相应部门批准后方能执行。飞行计划申报应于北京时间前一日15时前向所使用空域的管制单位提交飞行计划。

执行紧急救护、抢险救灾或者其他紧急任务，飞行计划申请最迟应在飞行前一小时提出。

第 3 章

气象知识

民用无人驾驶航空器操控员考试
培训手册

气象要素对飞行及安全影响很大，是限制飞行的主要因素之一。以下对相关的气象名词进行简要介绍。

3.1 天气图与气象卫星云图

用于分析大气物理状况和特性的图统称为天气图。主要有地面天气图和高空天气图两种。卫星云图是"红外气象卫星"和"可见光气象卫星"拍摄传输回来的云图，能够显示出大范围云的分布与状态情况，是天气预报的参考依据之一。

3.2 高压、高压脊

在分析天气图时，有些等压线是闭合曲线，如果其中心的气压值比周围的高，这个区域就叫作高压控制的区域，其中气压最高的地方，就称为"高压中心"。气压降得慢的部位，等压线就从高压中心向外凸出，该凸出部分，叫作"高压脊"。在高压中心附近，一般都是晴天或者云少的天气。

3.3 低压、低压槽

在分析天气图时，如果闭合等压线内的气压比周围低，就称为低气压（简称"低压"）。低压区域内气压最低的地方，叫作"低压中心"。自低压中心向外，气压逐渐升高，但是沿各个方向气压的升高率不同，气压升高缓慢的部位，等压线就自低压中心向外凸出，该处的气压低于毗邻三面的气压，形似凹槽，故称"低压槽"。在低压系统影响时易出现阴雨天气。

3.4 倒槽、气旋波

低压槽一般自低压中心伸向偏南或西南方，槽向北或东北方向开口。若低压中心伸向北或东北方向槽向南或西南开口，地面天气图上等压线呈"∧"形的低槽叫作"倒槽"。如果在低压的西北侧有冷空气侵入，东南侧有暖空气绕低压中心旋转运动，这样的低压中心就叫"气旋波"（或叫"气旋"）。

3.5 槽线、切变线

槽线，就是连接自低压中心到低压槽内气压最低的点而成的一条线，通常槽线的两侧风向有明显转折。如果槽前有上升运动，如水汽充沛，常产生降水；槽后为下沉气流，天气转晴。

在槽线的两侧有明显的温度差异和风向的转变。如果在某一地区范围内，只有风的转变没有明显的温度差异，就叫"切变线"。当切变线形成后，由于两侧风向、风速的不一致，使切变线区域内形成辐合带，使大量气流上升，因此在切变线影响下，常出现阴雨。

3.6 冷锋、暖锋、静止锋

性质不同的冷暖气团相遇而形成的交界面，通称"锋面"。锋面分冷锋、暖锋、静止锋等。因为锋面附近，是冷暖空气的交汇地带，因而这里往往伴有云、雨或大风等天气现象。

冷锋：就是冷气团向暖气团地区移动，它们的交界面叫作"冷锋"。

暖锋：就是暖气团向冷气团地区移动，它们的交界面叫作"暖锋"。

静止锋：是由于冷、暖空气势力相当，使两者之间的界面呈静止状态的锋面，叫静止锋。

3.7 冰雹

冰雹是从冰雹云（强烈发展的积雨云）中降落下来的冰球或冰块，经常与雷雨和大风同时出现。冰雹发生前，天气会异常闷热，气压下降很多，最高气温可达30°C甚至更高。冰雹云呈现出黑色，底部发红，雷声隆隆作响。

3.8 人工降水

人工降水是用人工方法促成云层产生降水、增加降水或改变降水分布的措施。目前，主要从改变云的微物理过程着手，在冷云中用人工冰核或强冷却剂诱发冰晶效应；在暖云中则用大颗粒质粒或大水滴加强云内水滴的重力碰并增长过程，从而达到降水的目的。

3.9 风

风力等级对照如表 3-1 所示。

风力等级对照表　　　　　　　　　　　　　　　　　　　　表 3-1

风力等级	陆地地面物体征象	相当风速	
		km/h	m/s
0	静，烟直上	<1	0~0.2
1	烟能表示风向	1~5	0.3~1.5

续上表

风力等级	陆地地面物体征象	相当风速	
		km/h	m/s
2	人面感觉有风，树叶微动	6～11	1.6～3.3
3	树叶及微枝摇动不息，旌旗展开	12～19	3.4～5.4
4	能吹起地面灰尘和纸张，树的小枝摇动	20～28	5.5～7.9
5	有叶的小树摇摆，内陆水面有小波	29～38	8.0～10.7
6	大树枝摇动，电线呼呼有声，举伞困难	39～49	10.8～13.8
7	全树摇动，迎风步行感觉不便	50～61	13.9～17.1
8	微枝抓毁，人向前行感觉阻力甚大	62～74	1.72～20.7
9	草房遭受破坏，大树枝可折断	75～88	20.8～24.4
10	树木可被吹倒，一般建筑物遭破坏	89～102	24.5～28.4
11	陆上少见，树木可被吹倒，一般建筑物遭到严重破坏	103～117	28.5～32.6
12	陆上绝少，其摧毁力极大	118～133	32.7～36.96
13		134～149	37.0～41.4

第 4 章

模拟飞行

民用无人驾驶航空器操控员考试
培训手册

第 4 章 模拟飞行

4.1 认识模拟器

模拟器软件:Phoenix RC 6(图 4-1),SM600 遥控器(图 4-2)。

图 4-1　Phoenix RC 6

图 4-2　SM600 遥控器

4.1.1　学习目标

(1)根据摇杆的运动,能够准确地说出控制的四个通道;
(2)根据摇杆的运动,能够说出飞机飞行的姿态。

4.1.2　课程安排

(1)油门控制多旋翼上下平移,高度发生变化;
(2)方向控制多旋翼偏航旋转,飞机机头方向向左或者向右转向;
(3)升降控制多旋翼俯仰运动,飞机向前飞行或者向后飞行;
(4)副翼控制多旋翼滚转运动,飞机向左滚转或者向右滚转。

4.2 配置遥控器

首先打开我们的凤凰模拟器 Phoenix RC 6,如图 4-3 所示。

图 4-3　打开 Phoenix RC 6

打开我们左上角的系统设置，点击遥控器设置，如图 4-4 所示。

图 4-4　点击遥控器设置

打开调试向导，点击下一步，如图 4-5 所示。

图 4-5　调试向导

遥控器摇杆均处于中间位置，点击下一步，如图 4-6 所示。

图 4-6　所有摇杆置于中位

将所有摇杆的行程都打到最大,最后摇杆回中,点击下一步,如图 4-7 所示。

图 4-7　移动所有摇杆到最大限度

油门推到最高,再拉下到最低位置,回中。点击下一步,如图 4-8 所示。

图 4-8　引擎控制

将摇杆分别向左和向右推到最大,回中,点击下一步,如图 4-9 所示。

图 4-9　方向舵控制

右摇杆向上推到最大处，再拉下到最低位置，回中，点击下一步，如图4-10所示。

图4-10 升降舵控制

将摇杆分别向左和向右推到最大，回中，点击下一步，如图4-11所示。

图4-11 副翼舵控制

完成，开始飞行，如图4-12所示。

图4-12 开始飞行

4.3 模拟器练习

练习模拟器之前，我们的拿控时姿势一定要正确，如图 4-13 所示。

图 4-13　正确的拿控捏杆姿势

练习目标：

能够完成单通道的四个位置的悬停；

能够完成带油门通道的八位悬停；

能够完成 F3c 方框内的 360°自旋。

第 5 章

考试训练规则

民用无人驾驶航空器操控员考试
培训手册

5.1 旋翼机（多旋翼/直升机）

5.1.1 视距内考试内容与考试要点

5.1.1.1 理论

理论考试题分数 ≥ 70 分。

考试要点

（1）考试时间一般为 120 分钟；
（2）理论考试成绩有效期为 2 年（从考试日期开始计算）；
（3）考生做题时，不会做的题立即跳过，做完之后再补充；
（4）考生做完题之后，必须检查答案。检查时，不确定百分之百错误的答案不要修改。

5.1.1.2 实操

1）综合问答

综合问答考试题分数 ≥ 7 分。

注：综合问答有效期为 60 天（从考试日期开始计算）。

2）360°自旋（GPS 模式）

在锥筒上，GPS 模式下完成 360°自旋（图 5-1）。

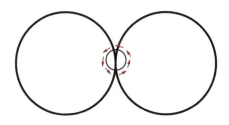

图 5-1　360°自旋（GPS 模式）

考试要点

（1）飞机进入中心桶；
（2）飞机升高到 1.5m 处，考试期间不允许掉高度（1.5m ≤ 飞行高度 ≤ 6m）；
（3）误差范围：以锥桶为中心，0.5m 为半径；
（4）自旋时间要 ≥ 7s；
（5）开始自旋后，方向不允许停止；

（6）转完之后，要多转一点，防止考试系统误判。

3）八字飞行（GPS 模式）

飞机在场地内绕锥桶八字飞行（图 5-2）。

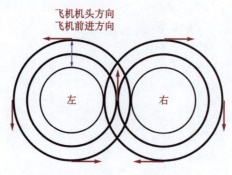

图 5-2　八字飞行（GPS 模式）

考试要点

（1）飞机进入中心桶；

（2）飞机升高到 1.5m 处，考试期间不允许掉高度（1.5m ≤ 飞行高度 ≤ 6m）；

（3）误差范围：以锥桶为中心，锥筒内外 1m 为误差范围，如图中蓝色箭头所示；

（4）每个桶上都有各自对应的角度，不要过多，也不要过少；

（5）开始飞行后，切线方向不允许停止；

（6）飞完之后，要飞出中心桶一点，防止考试系统误判。

5.1.2　超视距考试内容与考试要点

5.1.2.1　理论

理论考试题分数 ≥ 80 分。

考试要点

（1）考试时间一般为 120 分钟；

（2）理论考试成绩有效期为 2 年（从考试日期开始计算）；

（3）考生做题时，不会做的题立即跳过，做完之后再补充；

（4）考生做完题之后，必须检查答案。检查时，不确定百分之百错误的答案不要修改。

5.1.2.2　实操

1）综合问答

综合问答考试题分数 ≥ 7 分。

注：综合问答有效期为 60 天（从考试日期开始计算）。

2）360°自旋（姿态模式）

在锥筒上，姿态模式下完成 360°自旋（图 5-3）。

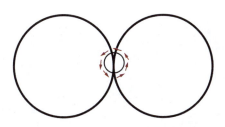

图 5-3　360° 自旋（姿态模式）

> **A+ 考试要点**

（1）飞机进入中心桶；
（2）飞机升高到 1.5m 处，考试期间不允许掉高度（1.5m ≤ 飞行高度 ≤ 6m）；
（3）误差范围：以锥桶为中心，0.5m 为半径；
（4）自旋时间要 ≥ 7s；
（5）开始自旋后，方向不允许停止；
（6）转完之后，要多转一点，防止考试系统误判。

3）八字飞行（姿态模式）

飞机在场地内绕锥桶八字飞行（图 5-4）。

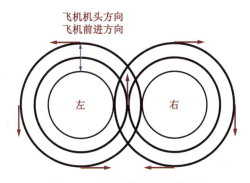

图 5-4　八字飞行（姿态模式）

> **A+ 考试要点**

（1）飞机进入中心桶；
（2）飞机升高到 1.5m 处，考试期间不允许掉高度（1.5m ≤ 飞行高度 ≤ 6m）；
（3）误差范围：以锥桶为中心，锥筒内外 1m 为误差范围，如图中蓝色箭头所示；
（4）每个桶上都有各自对应的角度，不要过多，也不要过少；
（5）开始飞行后，切线方向不允许停止；

（6）飞完之后，要飞出中心桶一点，防止考试系统误判。

4）地面站规划航线（图5-5）

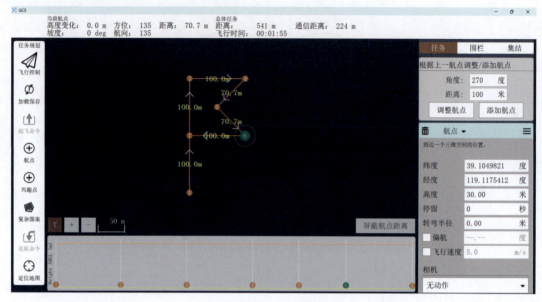

图 5-5　地面站规划航线

考试要点

（1）考试时间为6分钟（包含做题和画图的时间）；

（2）先点击起飞命令设置第一个点，然后在屏幕右上角的角度栏和距离栏按照考试要求输入相对应的数据（图5-5）；

（3）做题要认真，六种普通原型题（图5-6）一定要做会（所有考试题都是在此基础上演变过来的）。

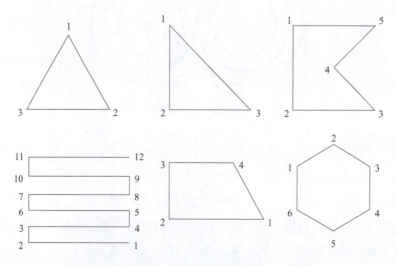

图 5-6　六种普通原型题

5）无人机盲飞返航（图 5-7）

图 5-7　无人机盲飞返航

学员首先在电脑中设置相应航点和飞行航线，设定好飞行高度、速度等参数后起飞。当飞机到达相应高度后，考官会遮盖住屏幕，考生根据电脑航向指示图和飞行轨迹将飞机飞回。（模拟无人机实际飞行时遇到信号丢失等突发状况下进行人工操作返航）

5.1.3　教员考试内容与考试要点

5.1.3.1　理论

理论考试题分数 ≥ 80 分（40 道题）。

> **A+ 考试要点**

（1）考试时间一般为 120 分钟；
（2）考生做题时，不会做的题立即跳过，做完之后再补充；
（3）考生做完题之后，必须检查答案。检查时，不确定百分之百错误的答案不要修改。

5.1.3.2　实操

1）口试题
考官随机提问 5 道题，答对三道即可通过考试。
2）360°左自旋（姿态模式）与 360°右自旋（姿态模式）
姿态模式下完成 360°左自旋和 360°右自旋，如图 5-8 所示。

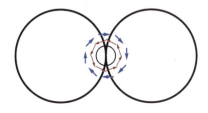

图 5-8　360°左自旋（姿态模式）与 360°右自旋（姿态模式）

考试要点

（1）飞机进入中心桶；

（2）飞机升高到 1.5m 处，考试期间不允许掉高度（1.5m ≤ 飞行高度 ≤ 6m）；

（3）误差范围：以锥桶为中心，0.5m 为半径；

（4）自旋时间要 ≥ 7s；

（5）开始自旋后，方向不允许停止，转弯后立即切换反向（左右自旋各一圈）；

（6）转完之后，要多转一点，防止考试系统误判。

3）倒飞八字飞行（姿态模式）

姿态模式下完成倒飞八字飞行，如图 5-9 所示。

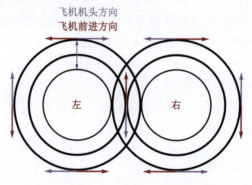

图 5-9 倒飞八字飞行（姿态模式）

考试要点

（1）飞机进入中心桶；

（2）飞机升高到 1.5m 处，考试期间不允许掉高度（1.5m ≤ 飞行高度 ≤ 6m）；

（3）误差范围：以锥桶为中心，锥筒内外 1m 为误差范围，如图中蓝色箭头所示；

（4）每个桶上都有各自对应的角度，不要过多，也不要过少；

（5）开始飞行后，切线方向不允许停止；

（6）飞完之后，要飞出中心桶一点，防止考试系统误判。

5.2 固定翼（滑跑固定翼/垂直起降固定翼）

5.2.1 视距内考试内容与考试要点

5.2.1.1 理论

理论考试题分数 ≥ 70 分。

> **考试要点**

（1）考试时间一般为 120 分钟；

（2）理论考试成绩有效期为 2 年（从考试日期开始计算）；

（3）考生做题时，不会做的题立即跳过，做完之后再补充；

（4）考生做完题之后，必须检查答案。检查时，不确定百分之百错误的答案不要修改。

5.2.1.2 实操

1）综合问答

综合问答考试题分数 ≥ 7 分。

注：综合问答有效期为 60 天（从考试日期开始计算）。

2）八字飞行（GPS 模式）

视距内操控员要完成定点自动起飞、规划起落航线及水平八字航线，并完成航线飞行、定点自动降落（图 5-10）。

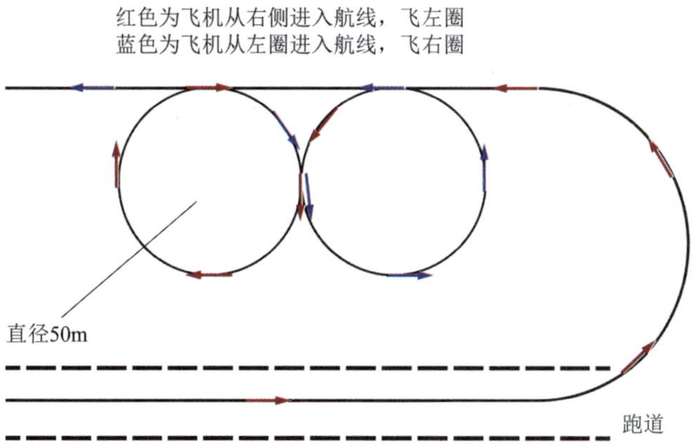

图 5-10　八字飞行（GPS 模式）

滑跑式起飞，需要考生在 GPS 模式下操作固定翼飞机完成滑跑式起飞。在 GPS 模式下按照图示在空中飞一个水平八字，该水平八字的圆由左右各一个直径 50m 的圆组成，在飞行过程中要精准控制飞机的轨迹、速度和高度，使飞机按照标准的水平八字航线飞行。

垂直起降式起飞，需要考生在 GPS 模式下操作固定翼飞机完成垂直起飞。在 GPS 模式下按照图示在空中使飞机自动飞行一个水平八字，该水平八字的圆由左右各一个直径 50m 的圆组成，在飞行过程中要精准控制飞机的轨迹、速度和高度，使飞机按照标准的水平八字航线飞行。

5.2.2 超视距考试内容与考试要点

5.2.2.1 理论

理论考试题分数 ≥ 80 分。

考试要点

（1）考试时间一般为 120 分钟；

（2）理论考试成绩有效期为 2 年（从考试日期开始计算）；

（3）考生做题时，不会做的题立即跳过，做完之后再补充；

（4）考生做完题之后，必须检查答案。检查时，不确定百分之百错误的答案不要修改。

5.2.2.2 实操

1）综合问答

综合问答考试题分数 ≥ 7 分。

注：综合问答有效期为 60 天（从考试日期开始计算）。

2）八字飞行（姿态模式）

超视距操控员要完成定点自动起飞、规划起落航线及水平八字航线，并完成航线飞行、定点自动降落（图 5-11）。

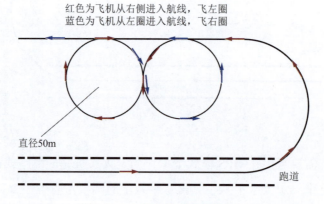

图 5-11 八字飞行（姿态模式）

滑跑式起飞，需要考生在姿态模式下操作固定翼飞机完成滑跑式起飞。在姿态模式下按照图示在空中飞一个水平八字，该水平八字的圆由左右各一个直径 50m 的圆组成，在飞行过程中要精准控制飞机的轨迹、速度和高度，使飞机按照标准的水平八字航线飞行。最后模拟发动机失效，飞一个模拟接地高度小于 5m 的低空通场。

垂直起降式起飞，需要考生在姿态模式下操作固定翼飞机完成垂直起飞。在姿态模式下按照图示在空中使飞机自动飞行一个水平八字,该水平八字的圆由左右各一个直径 50m 的圆组成,在飞行过程中要精准控制飞机的轨迹、速度和高度,使飞机按照标准的水平八字航线飞行。定点起飞、规划起落航线及水平八字航线并完成航线飞行后,模拟发动机失效,手动飞一个模拟接地高度小于 5m 的低空通场,定点自动降落。

3) 无人机地面站预规划(图 5-12)

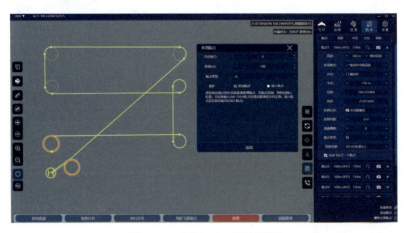

图 5-12 无人机地面站预规划

考试要点

(1) 考试时间为 6 分钟(包含做题和画图的时间);

(2) 在屏幕中红色箭头指示的相对坐标编辑器图标(图 5-12),然后在相对坐标编辑器的方位角栏和距离栏输入相对应的数据;

(3) 做题要认真,六种普通原型题(图 5-13)一定要做会(所有考试题都是在此基础上演变过来的)。

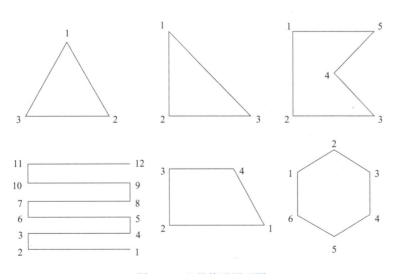

图 5-13 六种普通原型题

4）无人机地面站飞行中规划（图5-14）

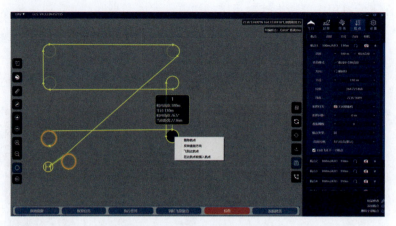

图 5-14　无人机地面站飞行中规划

考试要点

（1）依据考官下发的考试指令迅速判断地面站需要修改的内容，如修改高度（变高）、增减航点、变更位置或修改速度等。

（2）30s 内单一航点变高、60s 内单一航点的增减或位置变更、30s 内修改平飞速度等操作要准确，确保修改后航线符合考试要求和飞行安全。

（3）重规划可能涉及应急返航等情况，考试前一定要熟悉应急返航操作流程和方法，确保无人机能安全返航。

（4）遇到突发情况，一定要报告考官。

5.2.3　教员考试内容与考试要点

5.2.3.1　理论

理论考试题分数 ≥ 80 分（40 道题）。

考试要点

（1）考试时间一般为 120 分钟；

（2）考生做题时，不会做的题立即跳过，做完之后再补充；

（3）考生做完题之后，必须检查答案。检查时，不确定百分之百错误的答案不要修改。

5.2.3.2　实操

1）口试题

考官随机提问 5 道题，答对 3 道即可通过考试。

2）八字飞行（姿态模式）

教员要完成定点自动起飞、规划起落航线及水平八字航线，并完成航线飞行、定点自动降落，应急返航，低空通场（图 5-15）。

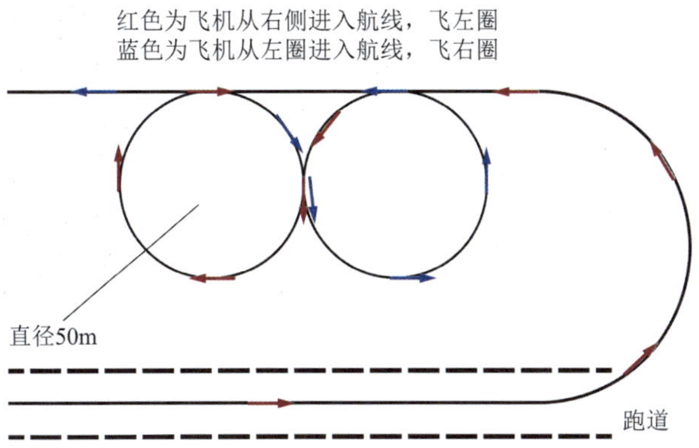

图 5-15　八字飞行（姿态模式）

滑跑式起飞，需要考生在手动模式下操作固定翼飞机完成滑跑式起飞。在手动模式下按照图示在空中飞一个水平八字，该水平八字的圆由左右各一个直径 50m 的圆组成，在飞行过程中要精准控制飞机的轨迹、速度和高度，使飞机按照标准的水平八字航线飞行。

最后模拟发动机失效，手动飞一个模拟接地高度小于 5m 的低空通场。

第 6 章

模拟考试

民用无人驾驶航空器操控员考试
培训手册

模拟考试一

理论（100 道题）

1. 微型无人机是指_____。
   A. 空机重量小于等于 7kg 的无人机
   B. 重量小于 7kg 的无人机
   C. 重量小于等于 7kg 的无人机

2. 无人机系统的机长是指_____。
   A. 操控无人机的人
   B. 协助操控无人机的人
   C. 负责整个无人机系统运行和安全的驾驶员

3. 小型无人机，是指空机重量小于等于_____的无人机，微型和轻型无人机除外。
   A. 116kg
   B. 5700kg
   C. 126kg

4. 轻型无人机是指_____。
   A. 重量大于等于 7kg，但小于 116kg 的无人机，且全马力平飞中，校正空速小于 100km/h（55 海里/h），升限小于 3000m
   B. 重量大于 7kg，但小于等于 116kg 的无人机，且全马力平飞中，校正空速大于 100km/h（55 海里/h），升限大于 3000m
   C. 空机重量大于 7kg，但小于等于 116kg 的无人机，且全马力平飞中，校正空速小于 100km/h（55 海里/h），升限小于 3000m

5. 以下不属于航空器的是_____。
   A. 直升机
   B. 飞艇
   C. 卫星

6. Ⅰ级别无人机指_____。

   A. 空机重量≤0.5kg，起飞全重≤1.5kg

   B. 空机重量≤1kg，起飞全重≤2.5kg

   C. 空机重量≤1.5kg，起飞全重≤1.5kg

7. 民用无人机驾驶员多旋翼类别视距内等级申请人必须具有不少于_____h 的单飞训练时间。

   A. 6

   B. 10

   C. 5

8. 中程无人机活动半径为_____。

   A. 50～200km

   B. ＞800km

   C. 200～800km

9. 关于轻小无人机运行规定适用范围，植保无人机起飞全重不超过_____，相对高度不超过_____。

   A. 150kg，20m

   B. 5700kg，20m

   C. 5700kg，15m

10. 超低空无人机任务高度一般在_____。

    A. 0～100m

    B. 100～1000m

    C. 0～50m

11. _____是无人机完成起飞、空中飞行、执行任务、返场回收等整个飞行过程的核心系统，对无人机实现全权控制与管理，因此该子系统之于无人机相当于驾驶员之于有人机，是无人机执行任务的关键。

    A. 飞控计算机

    B. 飞控子系统

    C. 导航子系统

12. 飞控子系统必须具备的功能为：_____。

    A. 无人机姿态稳定与控制，无人机飞行管理，应急控制

    B. 无人机飞行管理，与导航子系统协调完成航迹控制，信息收集与传递

    C. 无人机起飞与着陆控制，无人机飞行管理，信息收集与传递

13. 飞控子系统可以不具备如下功能：_____。

    A. 姿态稳定与控制

    B. 导航与制导控制

    C. 任务分配与航迹规划

14. 属于无人机飞控子系统功能的是_____。

    A. 无人机姿态稳定与控制

    B. 导航控制

    C. 任务信息收集与传递

15. 不属于无人机飞控子系统所需信息的是_____。

    A. 经、纬度

    B. 姿态角

    C. 空速

16. 不应属于无人机飞控计算机任务范畴的是_____。

    A. 数据中继

    B. 姿态稳定与控制

    C. 自主飞行控制

17. 无人机在增稳飞行控制模式下，飞控子系统_____控制。

    A. 参与

    B. 不参与

    C. 不确定

18. 以下不是导航飞控系统组成部分的是_____。

    A. 传感器

    B. 电台

    C. 执行机构

19. 下列哪项是飞行控制的方式之一_____。

    A. 陀螺控制

    B. 指令控制

    C. 载荷控制

20. 导航子系统功能是向无人机提供_____信息，引导无人机沿指定航线安全、准时、准确的飞行。

    A. 高度、速度、位置

    B. 角速度

    C. 角加速度

21. 无人机飞行前，无人机驾驶员_____。

    A. 按照随机《无人机飞行手册》指导飞行

    B. 按照积累的经验指导飞行

    C. 重点参考《无人机所有者/信息手册》

22. 航空器与ATC进行第一次无线电联络时，应当首先呼叫_____。

    A. 航空器的注册号

    B. 航空器的机型

    C. 所需联系的ATC的名称

23. 民用航空器必须具有民航局颁发的_____方可飞行。

    A. 适航证

    B. 经营许可证

    C. 机场使用许可证

24. 无人机前轮偏转的目的是_____。

    A. 为了地面拖飞机

    B. 保证飞机滑行转弯和修正滑跑方向

    C. 前轮摆振时减小受力

25. 起飞时，可操纵变距螺旋桨的桨叶角到什么状态？_____

    A. 小桨叶角及低转速

    B. 大桨叶角及高转速

    C. 小桨叶角及高转速

26. 如观察到其他飞机的灯光是右红左绿时，应将该机判断为_____。

    A. 与自己相向飞行

    B. 与自己顺向飞行

    C. 没有发生相撞的可能

27. 无人机驾驶员在操纵飞机平飞时，遇到强烈的垂直上升气流时，为了防止过载超规定应_____。

    A. 加大油门迅速脱离

    B. 以最大上升率增大高度

    C. 适当减小飞行速度

28. 地面站显示系统告警信息主要包括_____。

    A. 视觉告警和触觉告警

    B. 触觉告警和听觉告警

    C. 视觉告警和听觉告警

29. 关于粗猛着陆描述正确的是_____。

    A. 粗梦着陆就是使飞机接地的动作太快

    B. 粗猛着陆时前轮先接地

    C. 不按规定的着陆高度、速度及接地角，导致受地面撞击力超过规定

30. 飞行手册中规定着陆不能刹车状态接地，主要是因为_____。

    A. 可能使刹车装置失效

    B. 可能导致滑跑时拖胎

    C. 使机轮起转力矩增大而损坏

31. _____功能通常包括指挥调度、任务规划、操作控制、显示记录等功能。

    A. 数据链路分系统

    B. 无人机地面站系统

    C. 飞控与导航系统

32. 无人机地面站的主要功能_____。

    A. 指挥控制与任务规划

    B. 飞行控制与任务规划

    C. 设备控制与任务规划

33. _____主要包括上级指令接收、系统之间联络、系统内部调度。

   A. 指挥调度功能

   B. 任务规划功能

   C. 操作控制功能

34. 地面控制站飞行参数综合显示的内容包括_____。

   A. 飞行与导航信息、数据链状态信息、设备状态信息、指令信息

   B. 导航信息显示、航迹绘制显示以及地理信息的显示

   C. 告警信息、地图航迹显示信息

35. 无人机_____是指根据无人机需要完成的任务、无人机的数量以及携带任务载荷的类型，对无人机制定飞行路线并进行任务分配。

   A. 航迹规划

   B. 任务规划

   C. 飞行规划

36. 无人机任务规划需要考虑的因素有_____，_____，无人机物理限制，实时性要求。

   A. 飞行环境限制，飞行任务要求

   B. 飞行任务范围，飞行安全限制

   C. 飞行安全限制，飞行任务要求

37. 无人机任务规划需要实现的功能包括_____。

   A. 自主导航功能，应急处理功能，航迹规划功能

   B. 任务分配功能，航迹规划功能，仿真演示功能

   C. 自主起降功能，航迹规划功能

38. 就任务规划系统具备的功能而言，任务规划可包含航迹规划、任务分配规划、数据链路规划和系统保障与应急预案规划等，其中_____是任务规划的主体和核心。

   A. 航迹规划

   B. 任务分配规划

   C. 数据链路规划

39. 任务规划由_____等组成。

   A. 任务接收、姿态控制、载荷分配、航迹规划、航迹调整和航迹评价

   B. 任务理解、环境评估、任务分配、航迹规划、航迹优化和航迹评价

   C. 任务分配、姿态控制、导航控制、航迹规划、航迹调整和航迹评价

40. 从实施时间上划分，任务规划可以分为_____。

    A. 航迹规划和任务分配规划

    B. 航迹规划和数据链路规划

    C. 预先规划和实时规划

41. 大气的组成是由_____。

    A. 78%的氮气，21%的氧气以及1%的其他气体组成

    B. 75%的氮气，24%的氧气以及1%的其他气体组成

    C. 78%的氮气，20%的氧气以及2%的其他气体组成

42. 18000英尺高度的大气重量仅仅是海平面时的_____。

    A. 三分之一

    B. 一半

    C. 四分之一

43. 地表和潮湿物体表面的水分蒸发进入大气就形成了大气中的水汽。大气中的水汽含量平均占整个大气体积的0～5%，并随着高度的增加而逐渐_____。

    A. 增加

    B. 不变

    C. 减少

44. 下面大气分层的主要依据哪个是正确的？_____

    A. 气层气压的垂直分布特点

    B. 气层气温的垂直分布特点

    C. 气层中风的垂直变化特点

45. 在实际运用中，通常使用气温的垂直递减率单位为_____。

    A. ℃/1000m

    B. ℃/500m

    C. ℃/100m

46. 对流层_____的空气运动受地形扰动和地表摩擦作用最大，气流混乱。

    A. 上层

    B. 中层

    C. 下层

47. 和地面建筑物有关的湍流强度依赖于_____，这会影响任何飞机的起飞和着陆性能，也会引发非常严重的危险。

    A. 障碍物的多少和风的基本速度

    B. 障碍物的大小和风的基本方向

    C. 障碍物的大小和风的基本速度

48. 雷暴是由强烈的积雨云产生的，形成强烈的积雨云需要三个条件：_____。

    A. 深厚而明显的不稳定气层、剧烈的温差、足够的冲击力

    B. 深厚而明显的不稳定气层、充沛的水气、足够的冲击力

    C. 强大的风力、充沛的水气、足够的冲击力

49. 目视判断风切变的参照物，以下不正确的是_____。

    A. 雷暴冷性外流气流的尘卷风（云）

    B. 卷积云带来的降雨

    C. 雷暴云体下垂的雨幡

50. 风切变的仪表判断法，以下不正确的是_____。

    A. 空速表指示的非理性变化

    B. 俯仰角指示快速变化

    C. 发动机转速和地速快速变化

51. 多轴的"轴"指_____。

    A. 舵机轴

    B. 旋翼轴

    C. 飞行器运动坐标轴

52. 多轴飞行器起降时接触地面的（一般）是_____。

    A. 脚架

    B. 云台架

    C. 机架

53. 多轴飞行器正常作业受自然环境影响的主要因素是_____。

    A. 风向

    B. 地表是否凹凸平坦

    C. 温度、风力

54. 多旋翼无人机机体一般不使用_____材料。

    A. 碳纤维材料

    B. 高强度工程塑料

    C. 玻纤维材料

55. 多旋翼无人机以下哪个下降速度较为合理？_____

    A. 2m/s

    B. 5m/s

    C. 8m/s

56. 绕多轴飞行器纵轴的是什么运动？_____

    A. 俯仰运动

    B. 偏航运动

    C. 滚转运动

57. 使用多旋翼飞行器在低温及潮湿环境中作业时的注意事项，不包括_____。

    A. 起飞前动力电池的保温

    B. 飞行器与摄像器材防止冰冻

    C. 曝光偏差

58. 常规的电子调速器上，中等粗细的几根线是用来连接_____的。

    A. 自驾仪或遥控接收机

    B. 电池

    C. 电机

59. X模式四轴飞行器从悬停转换到前进，哪两个轴需要加速？_____

    A. 右侧两轴

    B. 左侧两轴

    C. 后方两轴

60. 多轴飞行器_____。

    A. 无自转下滑能力

    B. 有部分自传下滑能力

    C. 有自传下滑能力

61. 左滚转，向前翻滚，怎么打舵？_____

    A. 左副翼，推升降

    B. 左副翼，拉升降

    C. 右副翼，拉升降

62. 固定翼机翼结霜，失速速度会？_____

    A. 增加

    B. 减小

    C. 不确定

63. 焦点在重心之后，焦点位置向后移_____。

    A. 增加纵向稳定性

    B. 提高纵向操纵性

    C. 减小纵同稳定性

64. 对于具有静稳定性的飞机，向左侧滑时其机头会_____。

    A. 保持不变

    B. 向左转

    C. 向右转

65. 打开后缘襟翼既能增大机翼切面的弯曲度，又能增加机翼的面积，继而提高飞机的升力系数，这种襟翼被叫作_____。

    A. 分裂式襟翼

    B. 简单式襟翼

    C. 后退式襟翼

66. 属于减升装置的辅助操纵面是_____。

    A. 扰流扳

    B. 副翼

    C. 前缘缝翼

67. 属于增升装置的辅助操纵面是_____。

    A. 扰流板

    B. 副翼

    C. 前缘襟翼

68. 对于带襟翼无人机，放下襟翼，飞机的升力将_____，阻力将_____。
    A. 增大、减小
    B. 增大、增大
    C. 减小、减小

69. 对于带襟翼无人机，放下襟翼，飞机的失速速度将_____。
    A. 增大
    B. 减小
    C. 不变

70. 相同迎角，飞行速度增大一倍，阻力增加约为原来的_____。
    A. 一倍
    B. 二倍
    C. 四倍

71. 据统计，无人机系统事故60%以上发生在_____。
    A. 起降阶段
    B. 巡航阶段
    C. 滑跑阶段

72. 无人机系统中，起降驾驶员一般不参与哪个阶段控制？_____
    A. 起飞阶段
    B. 降落阶段
    C. 巡航阶段

73. 当前国内民用无人机的主要控制方式不包括_____。
    A. 自主控制
    B. 人工遥控
    C. 人工智能

74. 对于无人机关键性能，无人机驾驶员_____。
    A. 不必了解
    B. 视情况了解
    C. 必须了解

75. 无人机飞行时收起起落架，会使飞机_____。

   A. 全机阻力减小

   B. 全机阻力增大

   C. 全机阻力无明显变化

76. 无人机弹射发射方式主要用于_____。

   A. XI、XII级别固定翼无人机

   B. III、IV、XI级别固定翼无人机

   C. I、II、III、IV、VII级别固定翼无人机

77. 如果机场只能修一条跑道，那么该跑道必须保证飞机可以_____起降。

   A. 逆风

   B. 顺风

   C. 侧风

78. 无人机积水道面上起飞，其起飞距离比正常情况下_____。

   A. 长

   B. 短

   C. 相等

79. 通过地面站界面、控制台上的鼠标、按键、飞行摇杆操纵无人机的驾驶员称为_____。

   A. 飞行员

   B. 起降驾驶员

   C. 飞行驾驶员

80. 下列选项中，操纵无人机起飞前，动力装置不需要检查的是_____。

   A. 发动机稳定性检查

   B. 发动机生产日期

   C. 发动机油路检查

81. 根据机翼的设计特点，其产生的升力来自于_____。

   A. 机翼上下表面的正压强

   B. 机翼下表面的负压和上表面的正压

   C. 机翼下表面的正压和上表面的负压

82. 飞机转弯的向心力是_____。

    A. 飞机的拉力

    B. 方向舵上产生的气动力

    C. 飞机升力的水平分力

83. 仅偏转副翼使飞机水平左转弯时，出现_____。

    A. 右侧滑

    B. 左侧滑

    C. 无侧滑

84. 偏转副翼使飞机转弯时，两翼的阻力是_____。

    A. 内侧机翼阻力大

    B. 外侧机翼阻力大

    C. 相等

85. 偏转副翼使飞机左转弯时，为修正逆偏转的影响，应_____。

    A. 向左偏转方向舵

    B. 向右偏转方向舵

    C. 向右压杆

86. 某活塞式化油器发动机减小油门时熄火则应_____。

    A. 调整高速油针

    B. 飞行时不减油门

    C. 调整低速油针

87. 飞机转弯时，坡度有继续增大的倾向，原因是_____。

    A. 转弯外侧阻力比内侧的大

    B. 转弯外侧升力比内侧的大

    C. 转弯外侧阻力比内侧的小

88. 飞机坡度增大，升力的垂直分量_____。

    A. 增大

    B. 减小

    C. 保持不变

89. 飞机坡度增大，升力的水平分量_____。

   A. 增大

   B. 减小

   C. 保持不变

90. 载荷因子是_____。

   A. 飞机拉力与阻力的比值

   B. 飞机升力与阻力的比值

   C. 飞机承受的载荷（除重力外）与重力的比值

91. 飞机转弯时，为保持高度需要增大迎角，原因是_____。

   A. 保持升力垂直分量不变

   B. 用以使机头沿转弯方向转动

   C. 保持升力水平分量不变

92. 转弯时，为保持高度和空速，应_____。

   A. 增大迎角和油门

   B. 增大迎角、减小拉力

   C. 减小迎角、增大拉力

93. 无人机驾驶员舵面遥控操纵飞机时_____。

   A. 拉杆飞机转入下降

   B. 推油门飞机转入下降

   C. 推杆飞机转入下降

94. 飞机水平转弯，坡度增大，失速速度_____。（水平转弯迎角必须增大来保持高度）

   A. 减小

   B. 保持不变，因为临界迎角不变

   C. 增大

95. 焦点在重心之后，向后移焦点，飞机的操纵性_____。

   A. 与此无关

   B. 增强

   C. 减弱

96. 下列哪种变化情况肯定会增加飞机方向静稳定性？_____

    A. 增加机翼面积

    B. 增加垂直尾翼面积

    C. 增加水平尾翼面积

97. 下列哪种变化情况肯定会增加飞机纵向静稳定性？_____

    A. 增加机翼面积

    B. 增加垂直尾翼面积

    C. 增加水平尾翼面积

98. 层流翼型的特点是_____。

    A. 前缘半径大，后部尖的水滴形

    B. 最大厚度靠后

    C. 前缘尖的菱形

99. 气流产生下洗是由于_____。

    A. 分离点后出现旋涡的影响

    B. 转捩点后紊流的影响

    C. 机翼上下表面存在压力差的影响

100. 气流沿机翼表面附面层类型的变化是_____。

    A. 可由紊流变为层流

    B. 可由层流变为紊流

    C. 一般不发生变化

综合问答（10 道题）

1. 4S，16000mA 时电池 1.5C 充电，充电器应设置充电电流_____A。

    A. 18

    B. 12

    C. 24

2. 关于电台、接收机、电调、电池、GPS、电机，多旋翼无人机以下哪个组设备连接是正确的？_____

   A. 电池-电调-电机

   B. 接收机-电调-电池-电台

   C. 电调-电机-GPS-接收机

3. 请选择出以下哪一只螺旋桨升力最大？_____

   A. 16×4.5（三叶螺旋桨）

   B. 15×4（四叶螺旋桨）

   C. 18×7（两叶螺旋桨）

4. 气压传感器测的是以下哪个高度？_____

   A. 无线电高度

   B. 相对高度

   C. 海拔高度

5. 若一架无人机在飞行中可以进行舵面遥控，但无实时图像信号，地面站有各类仪表信息，但无法编辑航点航线，请问该无人机的遥控器_____正常，图传_____故障，数传电台_____正常，_____故障。

   A. 下行链路、上行链路、下行链路、上行链路

   B. 上行链路、下行链路、下行链路、上行链路

   C. 上行链路、上行链路、下行链路、下行链路

6. THR 控制飞机哪个方向的运动？_____

   A. 沿横轴左右运动

   B. 沿立轴上下运动

   C. 沿纵轴前后运动

7. 遥控器飞行模式在哪里设置？_____

   A. FUNCTION（LINK）

   B. SYSTEM

   C. TRAINER

8. 打开遥控器前检查哪几步？_____

   A. 天线、开关、油门位置

   B. 电压、油门位置、中立微调

   C. 发射制式、模型类型、电压

9. 遥控器显示设置都可以调节_____。

   A. 对比度、亮度、息屏时间

   B. 对比度、亮度、息屏时间、单位

   C. 亮度、息屏时间、单位

10. 遥控器对比度英文是_____。

    A. Display

    B. Contrast

    C. Brightness

模拟考试一答案

理论（100 道题）

1. A   2. C   3. B   4. C   5. C   6. C   7. C   8. C   9. C   10. A
11. B   12. A   13. C   14. A   15. A   16. A   17. A   18. B   19. B   20. A
21. A   22. C   23. A   24. B   25. C   26. A   27. C   28. C   29. C   30. C
31. B   32. A   33. A   34. A   35. B   36. A   37. B   38. A   39. B   40. C
41. A   42. B   43. C   44. B   45. C   46. C   47. C   48. B   49. B   50. C
51. B   52. A   53. C   54. C   55. A   56. C   57. C   58. C   59. C   60. A
61. A   62. A   63. A   64. C   65. C   66. A   67. C   68. B   69. B   70. C
71. A   72. C   73. C   74. C   75. A   76. C   77. A   78. A   79. C   80. B
81. C   82. C   83. B   84. B   85. A   86. C   87. B   88. B   89. A   90. C
91. C   92. A   93. C   94. C   95. C   96. B   97. C   98. B   99. C   100. B

综合问答（10 道题）

1. C   2. A   3. C   4. C   5. B   6. B   7. A   8. A   9. B   10. B

模拟考试二

理论（100 道题）

1. 超高空无人机任务高度一般在_____。

   A. 0～100m

   B. 6000～12000m

   C. 大于 12000m

2. 无人飞艇是_____。

   A. Ⅲ类无人机

   B. Ⅵ类无人机

   C. Ⅺ类无人机

3. 植保类无人机机是指_____。

   A. Ⅰ级别无人机

   B. Ⅺ级别无人机

   C. Ⅴ级别无人机

4. Ⅱ级别无人机指_____。

   A. 1.5kg＜空机重量≤4kg，1.5kg＜起飞全重≤7kg，超视距运行的无人机

   B. 1.5kg＜空机重量≤7kg，1.5kg＜起飞全重≤15kg 的无人机

   C. 1.5kg＜空机重量≤4kg，1.5kg＜起飞全重≤7kg，视距内运行的无人机

5. 远程无人机活动半径在_____。

   A. 50～200km

   B. 200～800km

   C. ＞800km

6. Ⅺ级别无人机是指_____。

   A. 空机重量大于4kg，小于等于15kg，起飞全重大于7kg，小于等于25kg 的无人机

   B. 空机重量大于等于5700kg 的无人机

   C. 空机重量大于116kg，但小于等于5700kg，起飞全重大于150kg，小于等于5700kg 的无人机

7. XII级别无人机是指_____。

    A. 空机重量大于5700kg的无人机

    B. 空机重量大于116kg，但小于等于5700kg，起飞全重大于150kg，小于等于5700kg的无人机

    C. 空机重量大于15kg，但小于等于116kg，起飞全重大于25kg，小于等于150kg的无人机

8. IV类无人机是指_____。

    A. 空机重量大于116kg，但小于等于5700kg，起飞全重大于150kg，小于等于5700kg的无人机

    B. 质量大于7kg，但小于等于116kg的无人机

    C. 空机重量大于15kg，但小于等于116kg，起飞全重大于25kg，小于等于150kg的无人机

9. 无人机的英文缩写是_____。

    A. UVS

    B. UAS

    C. UAV

10. 低空无人机任务高度一般在_____。

    A. 0～100m

    B. 100～1000m

    C. 1000～7000m

11. 固定翼无人机通过_____控制舵面和发动机节风门来实现无人机控制。

    A. 伺服执行机构

    B. 操纵杆

    C. 脚蹬

12. 无人机电气系统中电源和_____两者组合统称为供电系统。

    A. 用电设备

    B. 配电系统

    C. 供电线路

13. 无人机搭载任务设备重量主要受限制于_____。

    A. 空重

    B. 载重能力

    C. 最大起飞重量

14. 无人机配平的主要考虑是_____沿纵轴的前后位置。

    A. 气动焦点

    B. 发动机

    C. 重心

15. 大型无人机计算装载重量和重心的方法主要有：计算法、图表法和_____。

    A. 试凑法

    B. 查表法

    C. 约取法

16. 目前世界上无人机的频谱使用主要集中在 UHF、L 和_____波段。

    A. C

    B. VHF

    C. 任意

17. 无人机电气系统一般包括_____3 个部分。

    A. 电源、电缆、接插件

    B. 电源、配电系统、用电设备

    C. 电缆、供电系统、用电设备

18. _____两者组合统称为供电系统。

    A. 电缆和配电

    B. 电源和电缆

    C. 电源和配电

19. _____的功能是向无人机各用电系统或设备提供满足预定设计要求的电能。

    A. 配电系统

    B. 电源

    C. 供电系统

20. 无人机地面站系统不包括_____。

    A. 机载电台

    B. 无人机控制站

    C. 载荷控制站

21. 以下哪一种情景容易引起飞行员产生飞机比实际位置偏高的错觉_____。

    A. 常规跑道

    B. 向上带斜坡的地形

    C. 向下带斜坡的地形

22. 当给大型无人机加油时,为预防静电带来的危害应注意_____。

    A. 检查电瓶和点火电门是否关断

    B. 油车是否接地

    C. 将飞机、加油车和加油枪用连线接地

23. 可能需要处置的危机情况不包括_____。

    A. 动力装置故障

    B. 任务设备故障

    C. 舵面故障

24. 可能需要处置的紧急情况不包括_____。

    A. 飞控系统故障

    B. 上行通讯链路故障

    C. 控制站显示系统故障

25. 可能需要执行的应急程序不包括_____。

    A. 动力装置重启操作

    B. 备份系统切换操作

    C. 导航系统重启操作

26. 经验表明无人机每飞行_____h 或者更少就需要某种类型的预防性维护,至少每_____h 进行较小的维护。

    A. 20,50

    B. 25,40

    C. 30,60

27. 无人机注册证书颁发给飞机所有者作为注册证明_____。

    A. 随时随机携带

    B. 存放备查

    C. 作为售出证明

28. 无人机适航证书不可_____。

    A. 随飞机一起转让

    B. 存放备查

    C. 随无人机系统携带

29. 无人机特殊飞行许可颁发前，由局方检察官或局方认证人员或_____进行检查以确定位于预期的飞行是安全的。

    A. 适当认证修理站

    B. 经验丰富的无人机驾驶员

    C. 经验丰富的有人机驾驶员

30. 无人机的注册所有者或运营人应对保持无人机有最新的适航证书和_____负责。

    A. 无人机安全飞行

    B. 无人机注册证书

    C. 无人机维修

31. 无人机任务规划是实现_____的有效途径，他在很大程度上决定了无人机执行任务的效率。

    A. 自主导航与飞行控制

    B. 飞行任务与载荷匹配

    C. 航迹规划与自主导航

32. _____的内容包括出发地点、途径地点、目的地点的位置信息、飞行高度速度和需要到达的时间段。

    A. 航线规划

    B. 航迹规划

    C. 任务规划

33. _____应具备的功能包括：标准飞行轨道生成功能，常规的飞行航线生成、管理功能。

    A. 航线规划

    B. 航迹规划

    C. 任务规划

34. _____即根据既定任务，结合环境限制与飞行约束条件，从整体上制定最优参考路径并装订特殊任务。

    A. 在线规划

    B. 飞行中重规划

    C. 飞行前预规划

35. _____即根据飞行过程中遇到的突发状况，如地形、气象变化、未知限飞禁飞因素等，局部动态的调整飞行路径或改变动作任务。

    A. 在线规划

    B. 飞行中重规划

    C. 飞行前预规划

36. 任务规划时还要考虑_____，即应急航线。

    A. 紧急迫降措施

    B. 安全返航措施

    C. 异常应急措施

37. 标准地图时选取的标准点_____。

    A. 不能在同一直线上

    B. 不能在同一纬度上

    C. 不能在同一经度上

38. 航迹规划需要充分考虑_____的选取、标绘、航线预先规划以及在线调整时机。

    A. 飞行航迹

    B. 地理位置

    C. 电子地图

39. 主要指执行任务过程中实现动作的时间点，方式和方法，设定机会航点的时间节点，飞行高度，航速，飞行姿态以及配合载荷设备的工作状态与模式，当无人到达航点时实施航拍，盘旋等飞行任务_____。

    A. 任务分配

    B. 载荷规划

    C. 目标分配

40. 任务分配提供可用的无人机资源和着陆点的显示，辅助操作人员进行_____。

    A. 载荷规划、通信规划和目标分配

    B. 链路规划、返航规划和载荷分配

    C. 任务规划、返航规划和载荷分配

41. 平流层对航空活动有利的方面是_____。

    A. 气流平稳、无恶劣天气、发动机推力增大

    B. 气温低、飞机载重量增加、飞机真空速增大

    C. 气流平稳、能见度好、空气阻力小

42. 三大气象要素为_____。

    A. 气温、气压和空气湿度

    B. 气温、风和云

    C. 风、云和降水

43. 大气系统热量的主要来源是吸收太阳辐射，下列说法哪个正确？_____

    A. 当太阳辐射通过大气层时，有44%被大气直接吸收

    B. 当太阳辐射通过大气层时，有34%被大气直接吸收

    C. 当太阳辐射通过大气层时，有24%被大气直接吸收

44. 在标准大气中，海平面上的气温和气压值是_____。

    A. 15℃.1000hPa

    B. 0℃.760mmHg

    C. 15℃.1013.25hPa

45. 气压一定时，气温露点的高低可以表示_____。

    A. 空气的饱和程度

    B. 空气中的水汽含量

    C. 空气中凝结核的含量

46. 气象上把气温垂直递减率等于零（即 $\gamma = 0$）的气层称为_____。

    A. 逆温层

    B. 等温层

    C. 不稳定气层

47. 温度对飞机的升限有影响，关于升限，下列哪种叙述是正确的？_____
    A. 气温升高，大型飞机的升限要升高
    B. 气温变化对喷气式飞机的升限没有影响
    C. 气温升高，所有飞机的升限都要减小

48. 当气温高于标准大气温度时，飞机的载重量要_____。
    A. 增加
    B. 减小
    C. 保持不变

49. 大气压力的降低对飞机性能有显著的影响。在较高的高度，伴随着降低的大气压力_____。
    A. 起飞和着陆距离会增加，爬升率会减小
    B. 起飞和着陆距离会增加，爬升率也会增加
    C. 起飞和着陆距离会减小，爬升率也会减小

50. 气温、气压和空气湿度的变化都会对飞机性能和仪表指示造成一定的影响，这种影响主要通过他们对空气密度的影响而实现，下列描述哪个正确？_____
    A. 空气密度与气压成正比，与气温也成正比
    B. 空气密度与气压成正比，与气温成反比
    C. 空气密度与气压成反比，与气温成正比

51. 根据地面天气图上分析的等压线，我们能观察出_____。
    A. 降水区域
    B. 气压梯度
    C. 槽线位置

52. 地面天气图上填写的气压是_____。
    A. 本站气压
    B. 海平面气压
    C. 场面气压

53. 以下哪种不是卫星云图种类？_____
    A. 红外卫星云图
    B. 可见光卫星云图
    C. 多光谱卫星云图

54. 在卫星云图上，红外云图的色调取决于_____。
    A. 目标反射太阳辐射的大小
    B. 目标的温度
    C. 目标的高低

55. 在卫星云图上，可见光云图的色调取决于_____。
    A. 目标反射太阳辐射的大小
    B. 目标的温度
    C. 目标的高低

56. 卫星云图上下列哪个不是卷状云特征？_____
    A. 在可见光云图上，卷云呈灰—深灰色
    B. 在红外云图上，卷云顶温度很低，呈白色
    C. 无论可见光还是红外云图，卷云没有纤维结构

57. 卫星云图上下列哪个不是中云特征？_____
    A. 在卫星云图上，中云与天气系统相连，表现为大范围的带状、涡旋状、逗点状
    B. 在可见光云图上，中云呈灰白色到白色，色调的差异判定云的厚度
    C. 在红外云图上，中云呈深灰色，介于高低云之间的色调

58. 卫星云图上下列哪个不是积雨云特征？_____
    A. 在卫星图像上的积雨云常是几个雷暴单体的集合
    B. 无论可见光还是红外云图，积雨云的色调最白
    C. 积雨云的尺度相差不大。一般，初生的较小，成熟的较大

59. 卫星云图上下列哪个不是层云（雾）特征？_____
    A. 在可见光云图上，层云（雾）表现为光滑均匀的云区
    B. 层云（雾）边界整齐清楚，与山脉、河流、海岸线走向相一致
    C. 在红外云图上，层云色调较亮，与地面色调相差较大

60. 气团是指气象要素（主要指温度，湿度和大气静力稳定度）在水平分布上比较均匀的大范围空气团。下列不正确的是_____。
    A. 水平范围大
    B. 垂直范围大
    C. 水平温度梯度大

61. 多轴无人机，电调上较细的白红黑3色排线，也叫杜邦线，用来连接_____。

    A. 飞控

    B. 机载遥控接收机

    C. 电机

62. 关于多轴飞行器定义描述正确的是_____。

    A. 具有三个及以上旋翼轴的旋翼航空器

    B. 具有两个及以上旋翼轴的旋翼航空器

    C. 具有不少于四个旋翼轴的无人旋翼航空器

63. 多轴飞行器飞控软件使用中要特别注意的事项，不包括_____。

    A. 文件大小

    B. 各通道正反逻辑设置

    C. 版本

64. 当多旋翼飞行器飞远超出视线范围无法辨别机头方向时，应对方式错误的是_____。

    A. 加大油门

    B. 一键返航

    C. 云台复位，通过图像确定机头方向

65. "X"模式四轴飞行器，左前方的旋翼一般多为_____。

    A. 俯视逆时针旋转

    B. 俯视顺时针旋转

    C. 左视逆时针旋转

66. 如果多轴飞行器安装的螺旋桨与电动机不匹配，桨尺寸过大，会带来的坏处不包括_____。

    A. 飞控电流过大，造成损坏

    B. 电机电流过大，造成损坏

    C. 电调电流过大，造成损坏

67. 多旋翼遥控状态下动力失效处理方法不正确的是_____。

    A. 有伞开伞；无伞利用仅有动力尽量让其跌落在无人位置

    B. 接地瞬间前将油门收至最小

    C. 一般六旋翼要尽快切断动力输出因为不能保持姿态

68. 悬停状态下，多轴飞行器单个旋翼形成_____。

   A. 倒锥体

   B. 正锥体

   C. 平面

69. 多轴飞行器使用的锂聚合物动力电池，其单体标称电压为_____。

   A. 11.1V

   B. 3.7V

   C. 1.2V

70. 多轴飞行器常用螺旋桨的剖面形状是_____。

   A. S形

   B. 凹凸形

   C. 对称形

71. 螺旋桨叶本身是扭转的，因此桨叶角从毂轴到叶尖是变化的。最大安装角或者最大桨距在_____。

   A. 叶尖处

   B. 桨叶中部

   C. 毂轴处

72. 同样容量不同类型的电池，最轻的是_____。

   A. 铅酸蓄电池

   B. 聚合物锂电池

   C. 碱性电池

73. 某螺旋桨是正桨，是指_____。

   A. 从多轴飞行器上方观察，该螺旋桨逆时针旋转

   B. 从多轴飞行器上方观察，该螺旋桨顺时针旋转

   C. 从多轴飞行器下方观察，该螺旋桨逆时针旋转

74. 电调上最粗的红线和黑线用来连接_____。

   A. 机载遥控接收机

   B. 电动机

   C. 动力电池

75. 悬停状态的四轴飞行器如何实现向后移动？_____

    A. 横轴前侧的螺旋桨减速，横轴后侧的螺旋桨加速

    B. 纵轴右侧的螺旋桨减速，纵轴左侧的螺旋桨加速

    C. 横轴前侧的螺旋桨加速，横轴后侧的螺旋桨减速

76. 多轴飞行器使用的电调一般为_____。

    A. 无刷电调

    B. 有刷电调

    C. 双向电调

77. 某多轴电机标有 1000kV 字样，意义是指_____。

    A. 对应每 V 电压，电机提供 1000 转转速

    B. 电机最大耐压 1000kV

    C. 对应每 V 电压，电机提供 1000000 转转速

78. 绕多轴飞行器横轴的是_____。

    A. 偏航运动

    B. 俯仰运动

    C. 滚转运动

79. 有 2 个输出功率相同的电机，前者型号 3508，后者型号 2820，以下表述不正确的是_____。

    A. 2820 适用于更高的转速

    B. 3508 适合带动更大的螺旋桨

    C. 尺寸上，2820 粗一些，3508 高一些

80. 使用多轴飞行器，航拍过程中，为了保证画面明暗稳定，相机尽量设定为_____。

    A. 快门固定

    B. 光圈固定

    C. ISO 固定

81. 飞机着陆时使用后缘襟翼的作用是_____。

    A. 提高飞机的操纵灵敏性

    B. 增加飞机的稳定性

    C. 增加飞机的升力

82. 当后缘襟翼放下时，下述哪项说法正确？_____

    A. 只增大升力

    B. 只增大阻力

    C. 既增大升力又增大阻力

83. 飞机起飞时后缘襟翼放下的角度小于着陆时放下的角度．是因为_____。

    A. 后缘襟翼放下角度比较小时，机翼的升力系数增加，阻力系数不增加

    B. 后缘襟翼放下角度比较大时，机翼的阻力系数增加，升力系数不增加

    C. 后缘襟翼放下角度比较小时，机翼的升力系数增加的效果大于阻力系数增加的效果

84. 根据机翼升力和阻力计算公式可以得出，通过增大机翼面积来增大升力的同时，_____。

    A. 阻力不变

    B. 阻力减小

    C. 阻力也随之增大

85. 利用增大机翼弯度来提高机翼的升力系数，会导致_____。

    A. 机翼上表面最低压力点前移，减小临界迎角

    B. 机翼上表面最低压力点后移，减小临界迎角

    C. 机翼上表面最低压力点前移，加大临界迎角

86. 使用机翼后缘襟翼提高升力系数的同时．临界迎角减小的主要原因是_____。

    A. 放下后缘襟翼时，增大了机翼的弯度

    B. 放下后缘襟翼时．增大了机翼的面积

    C. 放下后缘襟翼时，在上下翼面之间形成了缝隙

87. 飞机失速的原因是（每次失速的直接原因是迎角过大）_____。

    A. 飞机速度太小

    B. 飞机速度太大

    C. 飞机迎角超过临界迎角

88. 如飞机出现失速，飞行员应_____。

    A. 立即蹬舵

    B. 立即推杆到底

    C. 立即拉杆

89. 飞机发生螺旋现象的原因是_____。

   A. 飞行员方向舵操纵不当

   B. 飞行员压杆过多

   C. 飞机失速后机翼自转

90. 飞机发生螺旋后，最常规的制止方法是_____。

   A. 立即推杆到底改出失速

   B. 立即向螺旋反方向打舵到底制止滚转

   C. 立即加大油门增速

91. 从机尾向机头方向看去，顺时针旋转螺旋桨飞机的扭矩使飞机_____。

   A. 向下低头

   B. 向左滚转

   C. 向上抬头

92. 飞机在地面效应区时，引起的气动力变化是_____。

   A. 升力增大、阻力减小

   B. 升力减小、阻力增大

   C. 升力增大、阻力增大

93. 飞机着陆进入地面效应区时，将_____。

   A. 出现短暂的机头上仰变化

   B. 经历诱导阻力减小的过程，需要减小动力

   C. 需要增大迎角以保持相同的升力系数

94. 具有正静安定性的飞机，当受到扰动使平衡状态变化后，有_____。

   A. 回到原平衡状态的趋势

   B. 继续偏离原平衡状态的趋势

   C. 保持偏离后的平衡状态

95. 遥控无人机由下降转为平飞时_____。

   A. 到达预定高度时，开始改平飞

   B. 超过预定高度20~30m时，开始改平飞

   C. 下降至预定高度前20~30m时，开始改平飞

96. 遥控无人机在预定高度由平飞转爬升时_____。

   A. 注视地平仪，柔和地加油门至100%，同时稍拉杆转为爬升
   B. 注视地平仪，快速加油门至100%，同时快速拉杆转为爬升
   C. 注视地平仪，快速加油门至100%，同时快速顶杆

97. 遥控无人机平飞、爬升和下降转换时产生偏差的主要原因不包括_____。

   A. 动作粗，操纵量大，造成飞行状态不稳定
   B. 平飞、爬升、下降三种飞行状态变换时，推杆、拉杆方向不正，干扰其他通道
   C. 天气状况不佳

98. 遥控无人机平飞转弯前_____。

   A. 根据转弯坡度大小，减油门5%～10%，保持好平飞状态
   B. 根据转弯坡度大小，加油门5%～10%，保持好平飞状态
   C. 保持当前平飞状态

99. 遥控无人机平飞转弯过程中_____。

   A. 注视地平仪，协调地向转弯方向压杆扭舵，形成一定坡度后，稳杆保持
   B. 注视地平仪，协调地向转弯反方向压杆扭舵，形成一定坡度后，稳杆保持
   C. 注视地平仪，向转弯方向压杆，同时反方向扭舵

100. 遥控无人机平飞转弯过程中_____。

   A. 转弯中，如果坡度过大，应协调地适当增加压杆扭舵量
   B. 转弯中，如果坡度过大，应协调地适当回杆回舵
   C. 转弯中，如果坡度过小，应协调地适当回杆回舵

综合问答（10道题）

1. 伯努利定理指的是_____。

   A. 于能量守恒定律，同一流管内流速快的地方静压大
   B. 由于能量守恒定律，同一流管内流速快的地方静压小
   C. 由于能量守恒定律，同一流管内横截面积大的地方静压更小

2. 以下关于舵面遥控（纯手动）、姿态遥控、人工修正（即 GPS 模式）说法不正确的是？_____

   A. 人工修正模式下，飞控内外回路都参与工作
   B. 舵面遥控模式下，飞控内外回路都不参与工作
   C. 姿态遥控模式下，飞控内回路不参与工作，外回路参与工作提供位置信息

3. 民用无人机运行多处于低空低速环境下，主要受到的阻力有以下哪几项？
   （1）摩擦阻力；（2）循环阻力；（3）干扰阻力；
   （4）激波阻力；（5）诱导阻力；（6）压差阻力
   A.（1）（2）（5）（6）
   B.（1）（3）（5）（6）
   C.（1）（2）（3）（4）

4. 以下无人机相关部件，数传电台、飞控、电子调速器、OSD、5.8G 图传、电机、摄像头，连接方式正确的是_____。

   A. 电机—电子调速器—数传电台—飞控
   B. OSD-5.8C 图传—电机
   C. 电机—电子调速器—飞控—数传电台

5. 连续性原理指的是_____。

   A. 由于质量守恒定律，同一流体横截面积大的地方静压更小
   B. 由于质量守恒定律，同一流管单位时间内流经不同横截面的流体质量一定
   C. 由于质量守恒定律，同一流体横截面积大的地方流速更快

6. 把无人机螺旋桨换成小桨，做同样的动作，请问角速度会怎么变化？_____

   A. 角速度转数增加
   B. 角速度转数减少
   C. 角速度转数不变

7. 以下哪个功能可以设定教练主控，学员副控？_____

   A. Trainer
   B. Display
   C. METRIC

8. 以下哪个不是在系统菜单设置里的功能？_____

   A. Sound

   B. User Name

   C. function

9. 设置遥控器的某一开关键为飞行模式的切换，主要通过哪个功能菜单实现？_____

   A. Condition

   B. End Point

   C. Function

10. 以下哪一个功能选项，在手动遥控飞行时，可以改变各通道的操作灵敏度？_____

    A. 行程比例

    B. 微调比例

    C. 通道速度

模拟考试二答案

理论（100道题）

1. C   2. B   3. C   4. C   5. C   6. C   7. A   8. C   9. C   10. B
11. A   12. B   13. B   14. C   15. B   16. A   17. B   18. C   19. C   20. A
21. B   22. C   23. B   24. A   25. C   26. A   27. A   28. B   29. A   30. B
31. A   32. A   33. A   34. C   35. B   36. C   37. A   38. C   39. C   40. A
41. C   42. A   43. C   44. C   45. B   46. B   47. C   48. B   49. A   50. B
51. B   52. B   53. C   54. B   55. A   56. C   57. C   58. C   59. C   60. C
61. A   62. A   63. A   64. A   65. B   66. A   67. C   68. A   69. B   70. A
71. C   72. B   73. A   74. C   75. C   76. A   77. A   78. B   79. C   80. C
81. C   82. C   83. C   84. C   85. A   86. A   87. C   88. B   89. C   90. B
91. B   92. A   93. B   94. A   95. C   96. A   97. C   98. B   99. A   100. B

综合问答（10道题）

1. B   2. C   3. B   4. C   5. B   6. A   7. A   8. C   9. C   10. A

模拟考试三

理论（100 道题）

1. 无人机系统的英文缩写是_____。
   A. UVS
   B. UAS
   C. UAV

2. 民用无人机驾驶员多旋翼类别视距内等级申请人必须具有不少于_____h 的带飞训练时间
   A. 10
   B. 15
   C. 5

3. 短程无人机活动半径在_____以内。
   A. 15km
   B. 15～50km
   C. 50～200km

4. 民用无人机驾驶员多旋翼类别超视距等级申请人必须具有不少于_____h 的带飞训练时间。
   A. 10
   B. 15
   C. 5

5. 大型无人机是指_____。
   A. 空机重量大于等于 5700kg 的无人机
   B. 重量大于 5700kg 的无人机
   C. 空机重量大于 5700kg 的无人机

6. 近程无人机活动半径在_____。

   A. 小于 15km

   B. 200~800km

   C. 15~50km

7. 《民用无人驾驶航空器实名制登记管理规定》适用于_____的无人机。

   A. 空机重量超过 250g

   B. 最大起飞重量不高于 7kg 的视距内运行

   C. 最大起飞重量不低于 250g

8. 无人机系统飞行器平台主要使用的是_____空气的动力驱动的航空器。

   A. 轻于

   B. 重于

   C. 等于

9. 中程无人机活动半径为_____。

   A. 50~200km

   B. ＞800km

   C. 200~800km

10. 中空无人机任务高度一般在_____。

    A. 0~100m

    B. 100~1000m

    C. 1000~6000m

11. 无人机地面站显示系统应能显示_____信息。

    A. 无人机飞行员状态

    B. 飞行器状态及链路、载荷状态

    C. 飞行空域信息

12. 地面控制站飞行参数综合显示的内容包括：_____。

    A. 飞行与导航信息、数据链状态信息、设备状态信息、指令信息

    B. 导航信息显示、航迹绘制显示以及地理信息的显示

    C. 告警信息、地图航迹显示信息

13. 地面站地图航迹显示系统可为无人机驾驶员提供飞行器_____等信息。
    A. 飞行姿态
    B. 位置
    C. 飞控状态

14. kV1000 的无刷电机搭配 11.1V 电池，空载转速是_____。
    A. 11100 转/分
    B. 1110 转/分
    C. 1110 转/秒

15. _____主要是制定无人机飞行任务、完成无人机载荷数据的处理和应用，指挥中心/数据处理中心一般都是通过无人机控制站等间接地实现对无人机的控制和数据接收。
    A. 指挥处理中心
    B. 无人机控制站
    C. 载荷控制站

16. _____主要是由飞行操纵、任务载荷控制、数据链路控制和通信指挥等组成，可完成对无人机机载任务载荷等的操纵控制。
    A. 指挥处理中心
    B. 无人机控制站
    C. 载荷控制站

17. _____与无人机控制站的功能类似，但只能控制无人机的机载任务设备，不能进行无人机的飞行控制。
    A. 指挥处理中心
    B. 无人机控制站
    C. 载荷控制站

18. 指挥控制与_____是无人机地面站的主要功能。
    A. 导航
    B. 任务规划
    C. 飞行视角显示

19. 无人机系统通讯链路主要包括：指挥与控制（C.&C.），_____，感知和规避（S&A.）三种。

    A. 空中交通管制（A.TC.）

    B. 电子干扰

    C. 无线电侦察

20. 目前主流的民用无人机所采用的动力系统通常为活塞式发动机和_____两种。

    A. 火箭发动机

    B. 涡扇发动机

    C. 电动机

21. 无人机的注册所有者或运营人应将永久邮寄地址的变更、无人机的销售和_____等事项通知局方注册处。

    A. 试验试飞

    B. 无人机注册证书丢失

    C. 无人机维修

22. 无人机系统无线电资源的使用_____局方无线电管理部门的许可证。

    A. 需要

    B. 不需要

    C. 一般情况下不需要

23. 如果无人机制造商使用编写的细节更加详细的《无人机驾驶员操作手册》作为主要参考，_____《无人机飞行手册》。

    A. 由局方批准后可以替代

    B. 不可替代

    C. 一般情况下可以替代

24. 无人机制造商编写的随机文档《无人机所有者/信息手册》_____。

    A. 需经局方批准

    B. 不需局方批准

    C. 特殊飞行器需局方批准

25. 无人机制造商编写的随机文档《无人机所有者/信息手册》_____。

    A. 可以替代《无人机飞行手册》

    B. 一般情况下可以替代《无人机飞行手册》

    C. 不能替代《无人机飞行手册》

26. 如果一本《无人机飞行手册》没有注明具体的无人机序号和注册信息，则_____。

    A. 手册可以作为该机飞行的参考指导

    B. 手册只能用于一般学习用途

    C. 手册可以部分作为该机飞行参考指导

27. 无人机飞行手册中规定的过载表明_____。

    A. 飞行中允许的最大过载

    B. 起飞时允许的最大过载

    C. 着陆时允许的最大过载

28. 民用无人机驾驶员多旋翼类别视距内等级申请人必须具有不少于_____h 的带飞训练时间

    A. 44

    B. 15

    C. 10

29. 计算无人机装载重量和重心的方法不包括：_____。

    A. 计算法

    B. 坐标法

    C. 查表法

30. 谁对民用无人驾驶航空器系统的维护负责_____。

    A. 签派

    B. 机长

    C. 运行人

31. _____包括携带的传感器类型、摄像机类型和专用任务设备类型等，规划设备工作时间及工作模式，同时需要考虑气象情况对设备的影响程度。

    A. 任务规划

    B. 载荷规划

    C. 任务分配

32. 是在无人机执行任务前，由地面控制站制定的，主要是综合任务要求、地理环境和无人机任务载荷等因素进行规划，其特点是约束和飞行环境给定，规划的主要目的是通过选用合适的算法谋求_____飞行航迹。

    A. 实时规划，航程最短
    B. 预先规划，全局最优
    C. 航迹规划，航时最短

33. _____是在无人机飞行过程中，根据实际的飞行情况和环境的变化制定出一条可分航迹，包括对预先规划的修改，以及选择应急的方案，其特点是约束和飞行环境实时变化，任务规划系统需综合考量威胁、航程、约束等多种条件，采用_____生成飞行器的安全飞行航迹，任务规划系统需具备较强的信息处理能力并具有一定的辅助决策能力。

    A. 预先规划，最优航迹规划算法
    B. 航迹规划，最短航迹规划算法
    C. 实时规划，快速航迹规划算法

34. _____在无人机任务规划中的作用是显示无人机的飞行位置、画出飞行航迹、标识规划点以及显示规划航迹等。

    A. 电子地图
    B. 地理位置
    C. 飞行航迹

35. 地面站电子地图显示的信息分为三个方面：一是_____，二是_____，三是其他辅助信息，如图元标注。

    A. 无人机位置和飞行航迹，无人机航迹规划信息
    B. 无人机地理坐标信息，无人机飞行姿态信息
    C. 无人机飞行姿态信息，无人机航迹规划信息

36. 图元标注主要包括以下_____三方面信息。

    A. 坐标标注，航向标注，载荷任务标注
    B. 场地标注，警示标注，任务区域标注
    C. 航程标注，航时标注，任务类型标注

37. 无人机侦察检测区域应预先标注，主要包括任务区域范围、侦察检测对象等_____。

    A. 场地标注

    B. 任务区域标注

    C. 警示标注

38. _____主要用于飞行区域内重点目标的标注，如建筑物、禁飞区、人口密集区等易影响飞行安全的区域。

    A. 场地标注

    B. 任务区域标注

    C. 警示标注

39. _____主要包括起飞场地标注、着陆场地标注、应急场地标注，为操作员提供发射与回收以及应急迫降区域参考。

    A. 场地标注

    B. 任务区域标注

    C. 警示标注

40. 由于加载的电子地图与实际操作时的地理位置信息有偏差，需要在使用前对地图进行_____。

    A. 标注

    B. 更新

    C. 校准

41. 飞机的飞行性能主要受大气密度的影响。当实际大气密度大于标准大气密度时，_____。

    A. 空气作用于飞机上的力要加大，发动机推力减小

    B. 空气作用于飞机上的力要减小，发动机推力增大

    C. 空气作用于飞机上的力要加大，发动机推力增大

42. 飞机按气压式高度表指示的一定高度飞行，在飞向低压区时，飞机的实际高度将_____。

    A. 保持不变

    B. 逐渐升高

    C. 逐渐降低

43. 飞机在比标准大气冷的空气中飞行时，气压高度表所示高度将比实际飞行高度_____。

    A. 相同

    B. 低

    C. 高

44. 大气对流运动是由于地球表面受热不均引起的。空气受热膨胀上升，受冷则下沉，进而产生了强烈而比较有规则的升降运动。温度越高，大气对流运动越明显。因此对流效果最明显的是_____。

    A. 北半球

    B. 赤道地区

    C. 南半球

45. 地球自转产生的地球自转偏向力对风向产生影响，下列哪个是正确的？_____

    A. 北半球，地球自转偏向力使得气流向东偏转

    B. 北半球，地球自转偏向力使得气流向西偏转

    C. 北半球，地球自转偏向力使得气流先向东再向西偏转

46. 地球自转偏向力使得气流向右偏转，因此在北纬 30°到赤道之间产生哪个方向的信风？_____

    A. 东南方向

    B. 东北方向

    C. 西南方向

47. 在地表的风向稍微不同于地表之上几千英尺高度的风向的原因是：_____。

    A. 当地地形影响气压

    B. 地面有较强的地转偏向力

    C. 风和地面之间的磨擦作用

48. 使原来静止的空气产生垂直运动的作用力，称为_____。

    A. 对流冲击力

    B. 气动作用力

    C. 热力作用力

49. 白天，在太阳辐射作用下，山岩地、沙地、城市地区比水面、草地、林区、农村升温快，其上空气受热后温度高于周围空气，因而体积膨胀，密度减小，使浮力大于重力而产生上升运动。这种现象会引起_____。
    A. 压差作用力
    B. 温差作用力
    C. 热力对流冲击力

50. 下列哪种属于动力对流冲击力？_____
    A. 山坡迎风面对空气的抬升
    B. 气流辐合辐散时造成的空气水平运动
    C. 气温变化造成的空气抬升或下降

51. 锋是三度空间的天气系统。锋的宽度同气团宽度相比显得很狭窄，因而常把锋区看成一个几何面，称为锋面。下面描述错误的是_____。
    A. 锋面与地面的交线称为锋线
    B. 锋面和锋线统称为锋
    C. 凡伸到对流层中上层者，称为层流锋

52. 从什么资料上可以预先了解到航线高度的风、云、气温及颠簸、积冰等情况？_____
    A. 等压面预告图
    B. 重要天气预告图
    C. 航路天气预告图

53. 航路天气预报通常在起飞前_____h，由飞航站气象台向机组提供？
    A. 1
    B. 2
    C. 3

54. 天气预报可分为哪些，以下不正确的是_____。
    A. 天气形势预报
    B. 气象要素预报
    C. 大风降温预报

55. 飞行时，霾对飞行能见度或观察地形地物的能力有何影响？_____
    A. 所有飞行器的活动或地形地物显得比实际距离远
    B. 霾使视力集中于远处
    C. 在霾中，眼睛容易疲劳因而不容易发现相对的移动物

56. 在多轴飞行器航空摄影中，日出日落拍摄时，摄像机白平衡调整应调整为_____以拍出正常白平衡画面。

    A. 低色温值

    B. 高色温值

    C. 闪光灯模式

57. 使用多轴飞行器，航拍过程中，关于曝光描述错误的是_____。

    A. 以拍摄主体为主，预先设定好曝光量

    B. 最好用高 ISO 来拍摄

    C. 全自动拍摄

58. 使用多轴飞行器航拍过程中，温度对摄像机的影响描述正确的是_____。

    A. 在温度较低的环境拍摄摄像机电池使用时间长

    B. 在温度较高的环境拍摄摄像机电池使用时间短

    C. 在温差较大的环境中拍摄要注意镜头的结雾

59. 旋翼机下降过程中，正确的方法是_____。

    A. 先慢后快

    B. 一直保持快速垂直下降

    C. 先快后慢

60. 多轴飞行器定点半径画圆飞行时，如何能得到最佳航拍画面？_____

    A. 平移画面

    B. 边绕圈边上升

    C. 绕圈一周

61. 四轴如何实现左转 90°？_____

    A. 顺时针旋转的桨加速

    B. 顺时针旋转的桨减速

    C. 逆时针旋转的桨加速

62. 某多轴电机标有 2208 字样，含义是_____。

    A. 该电机定子直径为 22mm

    B. 该电机最大承受 22V 电压，最小承受 8V 电压

    C. 该电机转子高度为 22mm

63. 以下哪个是小型电动无人机常用的动力电池类型？_____
    A. 铅酸电池
    B. 银锌电池
    C. 锂电池

64. 多旋翼飞行器是否轴数越多载重能力越大？_____
    A. 是
    B. 否
    C. 不一定

65. 一般来讲，多轴飞行器在地面风速大于_____级时作业，会对飞行器安全和拍摄稳定有影响。
    A. 4级
    B. 6级
    C. 2级

66. 在高海拔地区，多轴飞行器出现较难离地时，最有效的应对措施是_____。
    A. 更换大容量电池
    B. 更换大桨
    C. 减重

67. 多轴飞行器中的GPS天线应尽量安装在_____。
    A. 飞行器顶部
    B. 飞行器尾部
    C. 飞行器中心

68. 绕多轴飞行器立轴的是_____。
    A. 偏航运动
    B. 俯仰运动
    C. 滚转运动

69. 目前多轴飞行器飞控市场上的MWC飞控特点是_____。
    A. 基于Android开发
    B. 可以应用于各种特种飞行器
    C. 配有地面站软件，代码开源

70. 以下种类的电池，具有记忆效应的是_____。

    A. 铅酸电池

    B. 聚合物锂电池

    C. 镍镉电池

71. 多轴飞行器每个"轴"上，一般连接_____。

    A. 2个电调，1个电机

    B. 1个电调，2个电机

    C. 1个电调，1个电机

72. 多轴飞行器飞控板上一般会安装_____。

    A. 6个角速率陀螺

    B. 1个角速率陀螺

    C. 3个角速率陀螺

73. 如不考虑结构、尺寸、安全性等其他因素，单纯从气动效率出发，同样起飞重量的八轴飞行器与四轴飞行器_____。

    A. 八轴效率高

    B. 效率一样

    C. 四轴效率高

74. X模式六轴飞行器从悬停转换到向左平移，哪边轴需要减速？_____

    A. 横轴右侧

    B. 横轴左侧

    C. 纵轴左侧

75. 当多轴飞行器地面站出现飞行器电压过低报警时，第一时刻采取的措施不包括_____。

    A. 迅速将油门收到0

    B. 一键返航

    C. 控制姿态，逐渐降低高度，迫降至地面

76. 增大机翼弯度可以增大机翼升力的原理是_____。

    A. 使附面层保持层流状态

    B. 加快机翼前缘上表面气流的流速

    C. 加快机翼后缘气流的流速

77. 使用扰流板操纵飞机向左盘旋时，下述哪项说法正确？_____
    A. 左机翼飞行扰流板向上打开，右机翼飞行扰流板向上打开
    B. 左机翼飞行扰流板向上打开，右机翼飞行扰流板不动
    C. 左机翼飞行扰流扳不动，右机翼飞行扰流板向上打开

78. 前缘缝翼的功用有_____。
    A. 增大机翼的安装角
    B. 增加飞机的稳定性
    C. 增大最大升力系数

79. 下列关于扰流板的叙述哪项说法错误？_____
    A. 扰流板可作为减速板缩短飞机滑跑距离
    B. 可辅助副翼实现飞机横向操纵
    C. 可代替副翼实现飞机横向操纵

80. 飞机的重心位置对飞机的哪个稳定性有影响？_____
    A. 纵向稳定性和航向稳定性
    B. 只对纵向稳定性
    C. 横向稳定性

81. 超音速气流经过收缩管道后，其气流参数如何变化？_____
    A. 速度增加，压强增大
    B. 速度增加，压强下降
    C. 速度降低，压强增大

82. 飞机飞行中，空气表现出来的可压缩程度_____。
    A. 只取决于飞机的飞行速度（空速）
    B. 只取决于飞机飞行当地的音速
    C. 和飞机飞行的速度（空速）以及当地的音速有关

83. 飞机在对流层中匀速爬升时，随着飞行高度的增加，飞机飞行马赫数_____。
    A. 保持不变
    B. 逐渐增加
    C. 逐渐减小

84. 关于飞机失速下列说法哪些是正确的？_____

   A. 飞机失速是通过加大发动机动力就可以克服的飞行障碍

   B. 亚音速飞行只会出现大迎角失速

   C. 在大迎角或高速飞行状态下都可能出现飞机失速现象

85. 飞机在飞行中出现的失速现象的原因是_____。

   A. 翼梢出现较强的旋涡，产生很大的诱导阻力

   B. 由于迎角达到临界迎角，造成机翼上表面附面层大部分分离

   C. 由于机翼表面粗糙，使附面层由层流变为紊流

86. 具有负静安定性的飞机，当受到扰动使平衡状态变化后，有_____。

   A. 回到原平衡状态的趋势

   B. 继续偏离原平衡状态的趋势

   C. 保持偏离后的平衡状态的趋势

87. 飞机从已建立的平衡状态发生偏离，若_____，则飞机表现出正动安定性。

   A. 飞机振荡的振幅减小使飞机回到原来的平衡状态

   B. 飞机振荡的振幅持续增大

   C. 飞机振荡的振幅不增大也不减小

88. 飞机从已建立的平衡状态发生偏离，若_____，则飞机表现出负动安定性。

   A. 飞机振荡的振幅减小使飞机回到原来的平衡状态

   B. 飞机振荡的振幅持续增大

   C. 飞机振荡的振幅不增大也不减小

89. 飞机的纵向安定性有利于_____。

   A. 防止飞机绕立轴偏转过快

   B. 防止飞机绕纵轴滚转过快

   C. 防止飞机抬头过高或低头过低

90. 飞机的压力中心是_____。

   A. 压力最低的点

   B. 压力最高的点

   C. 升力的着力点

91. 飞机迎角增大，压力中心的位置会_____。

    A. 前移

    B. 后移

    C. 保持不变

92. 飞机迎角减小，压力中心的位置会_____。

    A. 前移

    B. 后移

    C. 保持不变

93. 具有纵向安定性的飞机，飞机重心_____。

    A. 位于压力中心前

    B. 位于压力中心后

    C. 与压力中心重合

94. 常规布局的飞机，机翼升力对飞机重心的力矩常为使飞机机头的_____力矩。（重心在主机翼升力作用点前，尾翼为了平衡下压，常规布局小于鸭式布局的原因）

    A. 上仰

    B. 下俯

    C. 偏转

95. 常规布局固定翼无人机要实现向左滚转和上仰姿态，舵面的偏转方向应该是_____。

    A. 副翼左下右上，升降舵向上偏

    B. 副翼左上右下，升降舵向下偏

    C. 副翼左上右下；升降舵向上偏

96. 遥控无人机着陆时，_____。

    A. 逆风较大时，目测容易高（即推迟接地）

    B. 逆风较大时，目测容易低（即提前接地）

    C. 逆风对着陆没有影响

97. 遥控无人机着陆时_____。

    A. 机场气温较高时，跑道上升气流明显，会导致下滑距离增长

    B. 机场气温较高时，跑道下降气流明显，会导致下滑距离增长

    C. 机场气温较高时，跑道下降气流明显，会导致下滑距离减小

98. 遥控无人机下滑中，估计到第四转弯时的高度将高于预定的高度_____。

    A. 应及时地收小油门，必要时可收至20%，增大下滑角

    B. 应适当地加大油门，减小下滑角

    C. 转为平飞进行修正

99. 遥控无人机四转弯后，_____。

    A. 目测过高时，应在加大油门的同时适当增加带杆量，减小下滑角，必要时可平飞一段

    B. 目测过低时，应在加大油门的同时适当增加带杆量，减小下滑角，必要时可平飞一段

    C. 等飞机降到较低高度时再做偏差调整

100. 遥控无人机着陆时，修正目测偏差_____。

    A. 大，加、收油门量相应大一些

    B. 大，加、收油门量相应小一些

    C. 不必调整

综合问答（10 道题）

1. 设置遥控器的某一开关键为飞行模式的切换，主要通过哪个功能菜单实现？_____

    A. Condition

    B. End Point

    C. Function

2. 请选择出哪一个功能选项，在手动遥控飞行时，可以改变各通道的操作灵敏度？_____

    A. 行程比例

    B. 微调比例

    C. 通道速度

3. 变换遥控器美国手和日本手在哪个菜单中完成？_____

    A. LNK

    B. SYS

    C. MDL

4. 设置遥控器的某一开关为飞行模式的切换，主要通过那个功能菜单实现？_____

   A. Condition

   B. End Point

   C. Function

5. 遥控器菜单中 FAIL SAFE 代表什么意思？_____

   A. 通道反向

   B. 失控保护

   C. 飞行模式切换

6. 6S 22000mAh 的电池，剩余电量 20%，用 2C 充电，充满需要多长时间？_____

   A. 24 分钟

   B. 25 分钟

   C. 26 分钟

7. 6S 22000mAh，25C 电池，最大瞬间放电电流如何计算？_____

   A. 220A × 25C

   B. 22000A × 25C

   C. 22A × 25C

8. 电池组先由 3 个单体串联，再将串联后的 2 组并联，应该如何表示？_____

   A. 3S3P

   B. 3S2P

   C. 2S3P

9. 4S 电池平衡头有几根引出线？_____

   A. 6 根

   B. 5 根

   C. 7 根

10. 6S 10000mAh 电池、100kV 的电机和 3S 2000mAh 电池、200kV 的电机哪个转速快？_____

    A. 一样快

    B. 6S 10000mAh，100kV 快

    C. 3S 2000mAh，200kV 快

模拟考试三答案

理论（100道题）

1. B 2. A 3. C 4. B 5. C 6. C 7. C 8. B 9. C 10. C
11. B 12. A 13. B 14. A 15. A 16. B 17. C 18. B 19. A 20. C
21. B 22. A 23. A 24. B 25. C 26. B 27. A 28. C 29. B 30. C
31. B 32. B 33. C 34. A 35. A 36. B 37. B 38. C 39. A 40. C
41. C 42. C 43. C 44. B 45. A 46. B 47. C 48. A 49. C 50. A
51. C 52. C 53. C 54. C 55. A 56. A 57. C 58. C 59. C 60. B
61. A 62. A 63. C 64. C 65. A 66. C 67. A 68. A 69. B 70. C
71. C 72. A 73. C 74. C 75. A 76. B 77. B 78. C 79. C 80. A
81. C 82. C 83. B 84. C 85. B 86. C 87. A 88. B 89. C 90. C
91. A 92. B 93. A 94. B 95. C 96. B 97. A 98. A 99. B 100. A

模拟综合问答（10道题）

1. C 2. A 3. B 4. C 5. B 6. A 7. C 8. B 9. B 10. A

模拟考试四

理论（100 道题）

1. 超高空无人机任务高度一般在_____。

   A. 0～100m

   B. 6000～12000m

   C. 大于 12000m

2. 无人飞艇是_____。

   A. III类无人机

   B. VI类无人机

   C. XI类无人机

3. 植保类无人机机是指_____。

   A. I级别无人机

   B. XI级别无人机

   C. V级别无人机

4. II级别无人机指_____。

   A. 1.5kg＜空机重量≤4kg，1.5kg＜起飞全重≤7kg，超视距运行的无人机

   B. 1.5kg＜空机重量≤7kg，1.5kg＜起飞全重≤15kg 的无人机

   C. 1.5kg＜空机重量≤4kg，1.5kg＜起飞全重≤7kg，视距内运行的无人机

5. 远程无人机活动半径在_____以内。

   A. 50～200km

   B. 200～800km

   C. ＞800km

6. XI级别无人机是指_____。

   A. 空机重量大于4kg，小于等于15kg，起飞全重大于7kg，小于等于25kg 的无人机

   B. 空机重量大于等于5700kg 的无人机

   C. 空机重量大于116kg，但小于等于5700kg，起飞全重大于150kg，小于等于5700kg 的无人机

7. XII级别无人机是指_____。

   A. 空机重量大于5700kg的无人机

   B. 空机重量大于116kg，但小于等于5700kg，起飞全重大于150kg，小于等于5700kg的无人机

   C. 空机重量大于15kg，但小于等于116kg，起飞全重大于25kg，小于等于150kg的无人机

8. IV类无人机是指_____。

   A. 空机重量大于116kg，但小于等于5700kg，起飞全重大于150kg，小于等于5700kg的无人机

   B. 质量大于7kg，但小于等于116kg的无人机

   C. 空机重量大于15kg，但小于等于116kg，起飞全重大于25kg，小于等于150kg的无人机

9. 无人机的英文缩写是_____。

   A. UVS

   B. UAS

   C. UAV

10. 低空无人机任务高度一般在_____。

    A. 0~100m

    B. 100~1000m

    C. 1000~7000m

11. 活塞发动机系统常采用的增压技术主要是用来_____。

    A. 提高功率

    B. 减少废气量

    C. 增加转速

12. 电动动力系统主要由动力电机、动力电源和_____组成。

    A. 电池

    B. 调速系统

    C. 无刷电机

13. 从应用上说，涡桨发动机适用于_____。

    A. 中低空、低速短距/垂直起降无人机

    B. 高空长航时无人机/无人战斗机

    C. 中高空长航时无人机

14. 无人的发动机采用重力供油系统但装有增压泵，主要是为了_____。

    A. 减少油箱的剩余燃油

    B. 保证大速度巡航的用油

    C. 保证爬升、下降及其他特殊情况下的正常供油

15. 无人机燃油箱通气目的之一是_____。

    A. 通气增大供油流量

    B. 保证向发动机正常供油

    C. 通气减小供油流量

16. 汽化器式活塞发动机在何时容易出现汽化器回火现象_____。

    A. 热发动起动时

    B. 油门收得过猛

    C. 寒冷天气第一次起动时

17. 二冲程活塞汽油发动机应使用何种润滑油？_____

    A. 2T机油

    B. 4T机油

    C. 汽车机油

18. 活塞发动机的爆震最易发生在_____。

    A. 发动机处于小转速和大进气压力状态工作

    B. 发动机处于高功率状态下工作时

    C. 发动机处于大转速和小近期压力转台工作

19. 活塞发动机混合气过富油燃烧将引起_____的问题。

    A. 发动机过热

    B. 电嘴积炭

    C. 发动机工作平稳，但燃油消耗量变大

20. 活塞发动机过热易出现在下列哪种过程中_____。

    A. 长时间爬升

    B. 巡航

    C. 下降

21. 飞机过载和载荷因子_____同一概念。

    A. 是

    B. 不是

    C. 不确定

22. 在平原地区农业作业飞行的最低天气标准是_____。

    A. 云高不低于100m，能见度不小于3km

    B. 云高不低于150m，能见度不小于5km

    C. 云高不低于200m，能见度不小于5km

23. 在丘陵、山区（高原）进行农业作业飞行的最低天气标准是_____。

    A. 云高距作业区的最高点不低于150m，能见度不小于3km

    B. 云高距作业区的最高点不低于200m，能见度不小于5km

    C. 云高距作业区的最高点不低于300m，能见度不小于5km

24. 在广阔水域上空进行各种渔业飞行的最低天气标准_____。

    A. 云高不得低于100m，水平能见度不得小于2km

    B. 云高不得低于150m，水平能见度不得小于3km

    C. 云高不得低于200m，水平能见度不得小于3km

25. 执行昼间专业任务的航空器，在平原、丘陵地区进行作业时，起飞时间最早不得早于日出前_____。

    A. 10分钟

    B. 20分钟

    C. 30分钟

26. 执行昼间专业任务的航空器，在山区进行作业飞行时，起飞（着陆）时间最早（晚）不得早（晚）于日出（落）前_____。

    A. 10分钟

    B. 15分钟

    C. 20分钟

27. 民用无人驾驶航空器系统，视距内驾驶员合格证申请人必须在民用无人驾驶航空器系统上训练不少于多少 h 的飞行训练时间_____。

    A. 56

    B. 44

    C. 100

28. 民用无人驾驶航空器系统，超视距驾驶员合格证申请人必须在民用无人驾驶航空器系统上训练不少于多少 h 的飞行训练时间_____。

    A. 56

    B. 44

    C. 100

29. 民用无人驾驶航空器系统视距内运行是指航空器处于驾驶员或观测员目视视距内半径_____m，相对高度低于_____m 的区域内

    A. 120，500

    B. 500，120

    C. 100，50

30. 超低空飞行，按照飞行高度区分为_____。

    A. 距地面或水面 50m 以下

    B. 距地面或水面 100m 以下

    C. 距地面或水面 5m 至 100m

31. 无人机物理限制对飞行航迹有以下限制：_____，最小航迹段长度，最低安全飞行高度。

    A. 最大转弯半径，最小俯仰角

    B. 最小转弯半径，最小俯仰角

    C. 最小转弯半径，最大俯仰角

32. 任务分配提供可用的无人机资源和着陆点的显示，辅助操作人员进行_____。

    A. 载荷规划、通信规划和目标分配

    B. 链路规划、返航规划和载荷分配

    C. 任务规划、返航规划和载荷分配

33. 地面站地图航迹显示系统可为无人机驾驶员提供飞行器_____等信息。

    A. 飞行姿态

    B. 位置

    C. 飞控状态

34. 无人机系统地面站不包括_____。

    A. 机载电台

    B. 无人机控制站

    C. 载荷控制站

35. 任务分配提供可用的无人机资源和着陆点的显示，辅助操作人员进行_____。

    A. 载荷规划、通信规划和目标分配

    B. 链路规划、返航规划和载荷分配

    C. 任务规划、返航规划和载荷分配

36. _____的内容包括出发地点、途径地点、目的地点的位置信息、飞行高度速度和需要到达的时间段。

    A. 航线规划

    B. 航迹规划

    C. 任务规划

37. 标准地图时选取的标准点_____。

    A. 不能在同一直线上

    B. 不能在同一纬度上

    C. 不能在同一经度上

38. 无人机任务规划需要考虑的因素有_____，_____，无人机物理限制，实时性要求

    A. 飞行环境限制，飞行任务要求

    B. 飞行任务范围，飞行安全限制

    C. 飞行安全限制，飞行任务要求

39. 无人机_____是指根据无人机需要完成的任务、无人机的数量以及携带任务载荷的类型，对无人机制定飞行路线并进行任务分配。

    A. 航迹规划

    B. 任务规划

    C. 飞行规划

40. _____功能通常包括指挥调度、任务规划、操作控制、显示记录等功能。
    A. 数据链路分系统
    B. 无人机地面站系统
    C. 飞控与导航系统

41. 在温暖的天气飞行在较低高度，有时会遇上湍流空气，以下描述正确的是：_____。
    A. 很可能在在路面和荒地上空发生上升气流
    B. 在类似成片树林的广阔植被区域发生上升气流
    C. 在大片水体区域发生上升气流

42. 接近地面的对流气流会影响驾驶员操控的能力，下列哪种说法正确？_____
    A. 在最后进近时，来自全无植被的地形的下降气流有时会产生下沉效应，导致飞过预期的着陆点
    B. 在一大片水体或者稠密植被的区域之上进近会趋于产生一个下沉效应，导致着陆在不到预期的着陆点
    C. 在一大片水体或者稠密植被的区域之上进近会趋于会产生漂浮效应，导致飞过预期的着

43. 下列说法正确的是_____。
    A. 因为空气总是寻找低压区域，所以气流会从高压区域向低压的区域流动
    B. 因为空气总是寻找高压区域，所以气流会从低压区域向高压的区域流动
    C. 是风产生了压力，所以风的尽头压力高

44. 地面风具有明显日变化的主要原因是_____。
    A. 气压的变化
    B. 摩擦力的变化
    C. 乱流强度的变化

45. 形成海陆风的对流性环流的原因是因为_____。
    A. 从水面吹向陆地的空气较暖，密度小，导致空气上升
    B. 陆地吸收和散发热量比水面快
    C. 从水面吹向陆地的空气冷，密度大，使空气上升

46. 地面的地形和大的建筑物会_____。
    A. 汇聚风的流向
    B. 产生会快速改变方向和速度的阵风
    C. 产生稳定方向和速度的阵风

47. 和地面建筑物有关的湍流强度依赖于障碍物的大小和风的基本速度，在山地区域时这种情况甚至更加明显。风越过山脊时，_____。

    A. 风沿着迎风侧平稳地向上流动

    B. 风沿着迎风侧湍流逐渐增加

    C. 风沿着背风侧平稳地向下流动

48. 风吹来时，那种局地风向不断改变，风速一阵大一阵小的现象称为_____。

    A. 风的阵性

    B. 风切变

    C. 风向不定

49. 大气稳定度指整层空气的稳定程度，有时也称大气垂直稳定度。以哪种运动来判定？_____

    A. 以大气的气温垂直加速度运动来判定

    B. 以大气的气温垂直速度运动来判定

    C. 以大气的气压垂直速度运动来判定

50. 大气中某一高度的一团空气，如受到某种外力的作用后，产生向上或向下运动时，称为稳定状态的是_____。

    A. 移动后，加速向上或向下运动

    B. 移动后逐渐减速，并有返回原来高度的趋势

    C. 外力作用消失后，以匀速持续运动

51. 低空风切变主要的形成原因是什么？_____

    A. 雷暴、低空急流和锋面活动

    B. 气流经过特定环境时产生

    C. 具体原因还不是特别明了

52. 大气是一种混合物，它由_____组成。

    A. 空气和水汽凝结物

    B. 空气和固体微粒

    C. 空气、水汽及液体或固体杂质

53. 下述物理量中，反映大气潮湿程度的量是_____。

    A. 饱和水气压

    B. 相对湿度

    C. 露点温度

54. 空气在作水平运动时，是什么力阻止了空气直接从高压区流向低压区？_____
    A. 惯性离心力
    B. 地转偏向力
    C. 摩擦力

55. 下面关于山谷风的叙述正确的是_____。
    A. 白天风由山谷吹向山坡
    B. 山谷风是由于海陆差异而形成的热力环流
    C. 气流越山而过，称为山风

56. 在重要天气预告图上用黑色的断线围起来的区域，表示有_____。
    A. 晴天积云
    B. 晴空颠簸
    C. 西风急流

57. 热雷暴的形成原因是_____。
    A. 地面水汽蒸发
    B. 地面受热不均
    C. 冷空气冲击暖空气而形成上升运动

58. 严重危害飞行安全的冰雹，通常与下列何种云有联系？_____
    A. 普通雷暴云
    B. 强烈雷暴云
    C. 堡状高积云

59. 绝对温度的零度是_____。
    A. −273°F
    B. −273K
    C. −273°C

60. 国际标准大气的定义是什么？
    A. 海平面附近常温常压下的空气密度 1.225kg/m³
    B. 对流层附近常温常压下的空气密度 1.225kg/m³
    C. 地表层附近常温常压下的空气密度 1.225kg/m³

61. 多轴飞行器在运输过程中的注意事项是_____。

    A. 装箱运输，也可行李箱运输

    B. 可随意拆装运输

    C. 做好减震措施，固定云台并安装云台固定支架，装箱运输

62. 多旋翼无人机要实现在悬停中向右偏航，不同螺旋桨应如何变化？_____

    A. 逆时针加速，顺时针减速

    B. 机体轴左边螺旋桨加速，右边螺旋桨减速

    C. 逆时针减速，顺时针加速

63. 在多轴飞行任务中，触发失控返航时，应如何打断飞控当前任务，取回手动控制权？_____

    A. 云台状态切换

    B. 航向锁定切换

    C. GPS 手动模式切换

64. 以多轴航拍飞行器为例，是否轴数越多载重能力越大？_____

    A. 不是

    B. 是

    C. 不一定

65. 相对于传统直升机，多轴最大的优势是_____。

    A. 载重能力强

    B. 气动效率高

    C. 结构与控制简单

66. 民航旅客行李中携带锂电池的额定能量超过_____严禁携带。

    A. 120Wh

    B. 100Wh

    C. 160Wh

67. 在高海拔、寒冷、空气稀薄地区，飞行负载不变，飞行状态会_____。

    A. 功率损耗增大，飞行时间减少

    B. 飞行时间变长

    C. 最大起飞重量增加

68. 某多轴飞行器动力电池标有 22.2V，它是_____。

    A. 3S 锂电池

    B. 6S 锂电池

    C. 22.2S 锂电池

69. 多轴飞行器重心过高于或过低于桨平面会_____。

    A. 显著影响电力消耗

    B. 降低机动性

    C. 增加稳定性

70. 在自主飞行过程中，遥控器油门的位置应处于_____。

    A. 中间略上，防止切换到增稳等其他模式时，上升或下降过快

    B. 中间略下，防止切换到增稳等其他模式时，上升或下降过快

    C. 其他位置均可，影响不大

71. 多轴飞行器动力装置多为电动系统的最主要原因是_____。

    A. 电动系统形式简单且电机响应速度快

    B. 电动系统干净且不依赖传统生物燃料

    C. 电动系统尺寸较小且较为廉价

72. 四轴飞行器飞行运动中有_____。

    A. 4个自由度，4个运动轴改（绕4个轴转动）

    B. 4个自由度，3个运动轴改（沿3个轴移动）

    C. 6个自由度，3个运动轴改（沿3轴移动，绕3轴转动）

73. 部分多轴飞行器螺旋桨根部标有"CCW"字样，其意义为_____。

    A. 此螺旋桨由 CCW 公司生产

    B. 此螺旋桨为顶视逆时针旋转

    C. 此螺旋桨为顶视顺时针旋转

74. 大多数多轴飞行器自主飞行过程利用_____实现高度感知。

    A. 气压高度计

    B. 超声波高度计

    C. GPS

75. 多轴飞行器动力电池充电尽量选用_____。

   A. 便携充电器

   B. 平衡充电器

   C. 快速充电器

76. 对于多旋翼飞行器_____。

   A. 旋翼只起升力面的作用

   B. 旋翼只充当纵横向和航向的操纵面

   C. 旋翼既是升力面又是纵横向和航向的操纵面

77. 四轴飞行器，改变航向时_____。

   A. 相对的 2 个桨加速，另 2 个桨减速

   B. 相邻的 2 个桨加速，另 2 个桨减速

   C. 4 个桨均加速

78. 一般锂聚合物电池上都有 2 组线。1 组是输出线（粗，红黑各 1 根），1 组是单节锂电引出线（细，与 S 数有关），用以监视平衡充电时的单体电压。下面说法正确的是_____。

   A. 6S 电池有 5 根红色引出线，1 根黑色引出线

   B. 6S 电池有 7 根引出线

   C. 6S 电池有 6 根引出线

79. 关于多轴飞行器机桨与电机匹配描述正确的是_____。

   A. 大螺旋桨要用低 kV 电机

   B. 小螺旋桨要用高 kV 电机

   C. 大螺旋桨要用高 kV 电机

80. 多轴飞行器的飞控硬件尽量安装在_____。

   A. 飞行器前部

   B. 飞行器中心

   C. 飞行器底部

81. 飞机焦点的位置_____。

   A. 随仰角变化而改变

   B. 不随仰角变化而改变

   C. 随滚转角变化而改变

82. 飞机在空中飞行时，如果飞机处于平衡状态，则_____。
    A. 作用在飞机上的所有外力平衡，所有外力矩也平衡
    B. 作用在飞机上的所有外力不平衡，所有外力矩平衡
    C. 作用在飞机上的所有外力平衡，所有外力矩不平衡

83. 飞机重心位置的表示方法是_____。
    A. 用重心到平均气动力弦前缘的距离和平均气动力弦长之比的百分数来表示
    B. 用重心到平均几何弦后缘的距离和平均几何弦长之比的百分数来表示
    C. 用重心到机体基准面的距离和平均气动力弦长之比的百分数来表示

84. 飞机做等速直线水平飞行时，作用在飞机上的外载荷应满足_____。
    A. 升力等于重力，推力等于阻力
    B. 升力等于重力，抬头力矩等于低头力矩
    C. 升力等于重力，推力等于阻力，抬头力矩等于低头力矩

85. 下列哪项不是飞机飞行时所受的外载荷？_____
    A. 重力
    B. 气动力
    C. 惯性力

86. 研究飞机运动时选用的机体坐标，其_____。
    A. 以飞机重心为原点，纵轴和横轴确定的平面为对称面
    B. 以全机焦点为原点，纵轴和立轴确定的平面为对称面
    C. 以飞机重心为原点，纵轴和立轴确定的平面为对称面

87. 对于进行定常飞行的飞机来说_____。
    A. 升力一定等于重力
    B. 作用在飞机上的外载荷必定是平衡力系
    C. 发动机推力一定等于阻力

88. 在飞机进行俯冲拉起过程中，飞机的升力_____。
    A. 为飞机的曲线运动提供向心力
    B. 等于飞机的重量
    C. 大于飞机的重量并一直保持不变

89. 在平衡外载荷的作用下，飞机飞行的轨迹_____。

    A. 一定是直线的

    B. 一定是水平直线的

    C. 是直线的或是水平曲线的

90. 飞机进行的匀速俯冲拉起飞行，则_____。

    A. 速度不发生变化

    B. 是在平衡外载荷作用下进行的飞行

    C. 飞行速度方向的变化是由于存在着向心力

91. 重心靠前，飞机的纵向安定性_____。

    A. 变强

    B. 减弱

    C. 不受影响

92. 重心靠后，飞机的纵向安定性_____。

    A. 变强

    B. 减弱

    C. 保持不变

93. 飞机的横侧安定性有助于_____。

    A. 使机翼恢复到水平状态

    B. 使飞机保持航向

    C. 使飞机保持迎角

94. 飞机的方向安定性过强，而横侧安定性相对过弱，飞机容易出现_____。

    A. 飘摆（荷兰滚）

    B. 螺旋不稳定

    C. 转弯困难

95. 飞机的横侧安定性过强，而方向安定性相对过弱，飞机容易出现_____。

    A. 飘摆（荷兰滚）

    B. 螺旋不稳定现象

    C. 失去纵向安定性

96. 飞行中发现飞机非指令的时而左滚，时而右滚，同时伴随机头时而左偏，时而右偏的现象，此迹象表明_____。

   A. 飞机进入了飘摆（荷兰滚）

   B. 飞机进入了失速

   C. 飞机进入了螺旋

97. 飞机的理论升限_____实用升限。

   A. 等于

   B. 大于

   C. 小于

98. 飞机平飞遇垂直向上突风作用时_____。

   A. 阻力将增大

   B. 升力将增大

   C. 升力将减小

99. 飞机以一定地速逆风起飞时_____。

   A. 滑跑距离将减小

   B. 滑跑距离将增大

   C. 滑跑距离将不变

100. 无人机上的仪表、压力计管路和所有承压软管，应能承受_____规定最高工作压力的1.5倍的压力而无渗漏。

   A. 不大于

   B. 等于

   C. 不小于

综合问答（10 道题）

1. 遥控器菜单中 SUB TRIM 代表什么意思？_____

   A. 失控保护

   B. 通道反向

   C. 中立微调

2. 遥控器设置菜单中 REV 是设置什么的？_____

　　A. 通道反向

　　B. 通道行程

　　C. 失控保护

3. 在遥控器什么功能里面可以设置一键返航？_____

　　A. SYSTEM

　　B. FUNCTION（LINK）

　　C. REVERSE

4. 遥控器显示设置可以调节_____。

　　A. 对比度、亮度、息屏时间

　　B. 对比度、亮度、息屏时间、单位

　　C. 亮度、息屏时间、单位

5. 遥控器对比度英文是_____。

　　A. Display

　　B. Contrast

　　C. Brightness

6. 螺旋桨 1045CCW，其含义是什么？_____

　　A. 桨叶直径 10mm，桨叶宽度 4.5mm，逆时针旋转的螺旋桨

　　B. 桨叶直径 10in，螺距 4.5in，逆时针旋转的螺旋桨

　　C. 桨叶直径 10in，螺距 45in，顺时针旋转的螺旋桨

7. 1in 等于_____cm。

　　A. 254

　　B. 25.4

　　C. 2.54

8. 1865 桨 300kV 电机，2045 桨 500kV 电机同一架多轴，如果在高海拔地区飞行，应该选择哪种桨和电机的组合？_____

　　A. 1865 桨 300kV 电机

　　B. 都可以

　　C. 2045 桨 500kV 电机

9. 起飞前无人机、遥控器、地面控制站正确安全的通电顺序应是_____。

   A. 无人机、地面站、遥控器

   B. 遥控器、无人机、地面站

   C. 地面站、遥控器、无人机

10. 遥控器、图传、地面站与飞行器之间数据链路分别是_____。

    A. 上行链路、下行链路、上行链路

    B. 上行链路、下行链路、上下行链路并存

    C. 下行链路、下行链路、上行链路

模拟考试四答案

理论（100 道题）

1. C   2. B   3. C   4. C   5. C   6. C   7. A   8. C   9. C   10. B
11. A   12. B   13. C   14. C   15. B   16. C   17. A   18. A   19. B   20. A
21. A   22. C   23. C   24. C   25. C   26. B   27. B   28. A   29. B   30. B
31. C   32. A   33. B   34. A   35. A   36. A   37. A   38. C   39. B   40. B
41. A   42. B   43. A   44. A   45. B   46. B   47. A   48. C   49. A   50. B
51. A   52. C   53. B   54. B   55. A   56. B   57. B   58. B   59. C   60. A
61. C   62. A   63. C   64. C   65. C   66. C   67. A   68. B   69. B   70. A
71. A   72. C   73. C   74. C   75. B   76. C   77. A   78. B   79. A   80. B
81. B   82. A   83. A   84. C   85. C   86. C   87. B   88. A   89. A   90. C
91. A   92. B   93. A   94. B   95. A   96. A   97. B   98. B   99. A   100. C

综合问答（10 道题）

1. C   2. A   3. B   4. B   5. B   6. B   7. C   8. C   9. C   10. B

模拟考试五

理论（100 道题）

1. 中程无人机活动半径为_____。

   A. 50～200km

   B. ＞800km

   C. 200～800km

2. 中空无人机任务高度一般在_____。

   A. 0～100m

   B. 100～1000m

   C. 1000～6000m

3. 超高空无人机任务高度一般在_____。

   A. 0～100m

   B. 6000～12000m

   C. 大于12000m

4. XI级别无人机是指_____。

   A. 空机重量大于4kg，小于等于15kg，起飞全重大于7kg，小于等于25kg的无人机

   B. 空机重量大于等于5700kg的无人机

   C. 空机重量大于116kg，但小于等于5700kg，起飞全重大于150kg，小于等于5700kg的无人机

5. 无人机的英文缩写是_____。

   A. UVS

   B. UAV

   C. UAS

6. 无人机系统的英文缩写是_____。

   A. UVS

   B. UAS

   C. UAV

7. 超低空无人机任务高度一般在_____。

   A. 0～100m

   B. 100～1000m

   C. 0～50m

8. 轻型无人机是指_____。

   A. 重量大于等于 7kg，但小于 116kg 的无人机，且全马力平飞中，校正空速小于 100km/h（55 海里/h），升限小于 3000m

   B. 重量大于 7kg，但小于等于 116kg 的无人机，且全马力平飞中，校正空速大于 100km/h（55 海里/h），升限大于 3000m

   C. 空机重量大于 7kg，但小于等于 116kg 的无人机，且全马力平飞中，校正空速小于 100km/h（55 海里/h），升限小于 3000m

9. 微型无人机是指_____。

   A. 空机重量小于等于 7kg 的无人机

   B. 重量小于 7kg 的无人机

   C. 重量小于等于 7kg 的无人机

10. II 级别无人机指_____。

    A. 1.5kg＜空机重量≤4kg，1.5kg＜起飞全重≤7kg，超视距运行的无人机

    B. 1.5kg＜空机重量≤7kg，1.5kg＜起飞全重≤15kg 的无人机

    C. 1.5kg＜空机重量≤4kg，1.5kg＜起飞全重≤7kg，视距内运行的无人机

11. 活塞发动机在慢车状态下工作时间过长，易带来的主要危害是_____。

    A. 电嘴挂油积炭

    B. 滑油消耗量过大

    C. 气缸头温度过高

12. 对装备定距螺旋桨的活塞发动机，通常用来反映功率的仪表是_____。

    A. 进气压力表

    B. 转速表

    C. 燃油流量表

13. 以下那种电池的记忆性最强？_____

    A. 镍镉（Ni-Cd）电池

    B. 镍氢（Ni-MH）电池

    C. 锂聚合物（Li-Po）电池

14. 关于燃油发动机 CDI 系统是_____。

    A. 进气

    B. 点火

    C. 排气

15. 民用无人机伺服舵机类型为_____。

    A. 气动

    B. 电液

    C. 电动

16. 舵机的行程是多大？_____

    A. ±75%

    B. ±100%

    C. ±120%

17. 根据无人机行业习惯，通常定义后视右旋前进的螺旋桨为_____。

    A. 拉桨

    B. 反桨

    C. 正桨

18. 同一起飞重量的不同民用无人机系统航线飞行，一般_____的受风的影响小。

    A. 巡航速度小

    B. 巡航速度适中

    C. 巡航速度大

19. 轻小型无人机常用定距螺旋桨的尺寸通常用 X×Y 来标识，其中 Y 代表_____。

    A. 螺距

    B. 叶片数量

    C. 桨径

20. 四冲程汽油发动机中，燃料箱加注的是_____。

    A. 滑油

    B. 汽油与滑油的混合物

    C. 汽油

21. 中空飞行，按照飞行高度区分为_____。
    A. 100m（含）至 4500m（含）
    B. 1000m（含）至 5400m（含）
    C. 1000m（含）至 6000m（含）

22. 高空飞行，按照飞行高度区分为_____。
    A. 45600m（含）至 9000m（含）
    B. 8000m（含）至 12000m（含）
    C. 6000m（含）至 12000m（含）

23. 平流层飞行，按照飞行高度区分为_____。
    A. 12000m（不含）以上
    B. 9000m（含）以上
    C. 12000m（含）以上

24. 着陆时机场提供的高度是_____。
    A. 海拔高度
    B. 最低点
    C. 最高点

25. 气压高度计检测的是_____。
    A. 海拔高度
    B. 真实高度
    C. 相对高度

26. 经过计算的气压高度计检测的是_____。
    A. 真实高度
    B. 相对高度
    C. 海拔高度

27. 4 级风的速度是_____m/s。
    A. 8～10
    B. 10～13
    C. 6～8

28. 手抛固定翼在_____级风时不好操作？

    A. 2

    B. 4

    C. 6

29. 同一架飞机，GPS 飞行 200m 高度作业，中午和傍晚，在基准气压相同的情况下，_____。

    A. 中午气压高

    B. 傍晚气压高

    C. 一样高

30. 飞行教员 CCAR61 记录保存时间为_____。

    A. 1 年

    B. 3 年

    C. 5 年

31. _____包括携带的传感器类型、摄像机类型和专用任务设备类型等，规划设备工作时间及工作模式，同时需要考虑气象情况对设备的影响程度。

    A. 任务规划

    B. 载荷规划

    C. 任务分配

32. _____是在无人机飞行过程中，根据实际的飞行情况和环境的变化制定出一条可分航迹，包括对预先规划的修改，以及选择应急的方案，其特点是约束和飞行环境实时变化，任务规划系统需综合考量威胁、航程、约束等多种条件，采用_____生成飞行器的安全飞行航迹，任务规划系统需具备较强的信息处理能力并具有一定的辅助决策能力。

    A. 预先规划，最优航迹规划算法

    B. 航迹规划，最短航迹规划算法

    C. 实时规划，快速航迹规划算法

33. 任务规划时还要考虑_____，即应急航线。

    A. 紧急迫降措施

    B. 安全返航措施

    C. 异常应急措施

34. _____应具备的功能包括：标准飞行轨道生成功能，常规的飞行航线生成、管理功能。
    A. 航线规划
    B. 航迹规划
    C. 任务规划

35. 就任务规划系统具备的功能而言，任务规划可包含航迹规划、任务分配规划、数据链路规划和系统保障与应急预案规划等，其中_____是任务规划的主体和核心。
    A. 航迹规划
    B. 任务分配规划
    C. 数据链路规划

36. 无人机_____是指根据无人机需要完成的任务、无人机的数量以及携带任务载荷的类型，对无人机制定飞行路线并进行任务分配。
    A. 航迹规划
    B. 任务规划
    C. 飞行规划

37. _____功能通常包括指挥调度、任务规划、操作控制、显示记录等功能。
    A. 数据链路分系统
    B. 无人机地面站系统
    C. 飞控与导航系统

38. 气温高低，如何影响飞机滑跑距离？_____
    A. 气温高时，空气密度小，飞机增速慢，飞机的离地速度增大，起飞滑跑距离要长
    B. 气温低时，空气密度小，飞机增速快，飞机升力减小，起飞滑跑距离要长
    C. 气温高时，空气密度大，飞机增速快，飞机升力增大，起飞滑跑距离要短

39. 气温对飞机最大平飞速度的影响为_____。
    A. 气温低时，空气密度大，飞机发动机的推力增大，最大平飞速度增加
    B. 气温低时，空气密度大，空气的阻力增加，最大平飞速度减小
    C. 气温高时，空气密度小，空气的阻力增减小，最大平飞速度增加

40. 夜间温度降低，低层常常出现逆温，会使得_____。
    A. 早晨天气晴朗
    B. 早晨有雾和烟幕
    C. 早晨有大风

41. 相对湿度，是指_____。

    A. 空气中水汽含量与饱和水汽含量的百分比

    B. 空气中水汽压与饱和水汽压的百分比

    C. 空气中水分占空气总量的百分比

42. 露点温度指空气在水汽含量和气压都不改变的条件下，冷却到饱和时的温度。形象地说，就是空气中的水蒸气变为露珠时候的温度叫露点温度。下述哪个正确？_____

    A. 当空气中水汽已达到饱和时，气温与露点温度相同

    B. 当水汽未达到饱和时，气温一定低于露点温度

    C. 在100%的相对湿度时，周围环境的温度高于露点温度

43. 空气中容纳水汽的数量随气温变化，气温越高，则_____。

    A. 可以容纳的水汽就越少

    B. 可以容纳的水汽就越多

    C. 当空气不能再容纳更多的水汽时，温度就会变化

44. 飞机外表面的冰霜雪等_____。

    A. 会引起飞机操纵效能增加

    B. 会出现指令仰角变化和滚转

    C. 会使外表面变的粗糙，增加阻力，减少升力

45. 雾通常发生在接近地面的空气温度冷却到空气的露点时，是从地表开始_____。

    A. 50英尺内的云

    B. 80英尺内的云

    C. 100英尺内的云

46. 根据国际民航组织的规定，云满天时的云量为_____。

    A. 12

    B. 8

    C. 10

47. 机场上空高度较低的云会直接影响飞机的起降。其中，危害最大的云是_____。

    A. 对流云

    B. 卷状云

    C. 层状云

48. 对起飞降落安全性造成不利影响的是_____。

    A. 稳定的逆风场

    B. 跑到上的微冲气流

    C. 稳定的上升气流

49. 从地球表面到外层空间，大气层依次是_____。

    A. 对流层、平流层、中间层、电离层、散逸层

    B. 对流层、平流层、电离层、中间层、散逸层

    C. 对流层、平流层、中间层、电离层、散落层

50. 下列叙述不属于平流层特点的是_____。

    A. 空气中的风向、风速不变

    B. 温度基本不变，平均温度在 −56.5°C

    C. 空气上下对流激烈

51. 向逼近的冷锋飞行_____。

    A. 云层从低空分散逐渐向高空分散变化，大气压力不断升高

    B. 云层从高空汇集逐渐向低空分散变化，大气压力不断降低

    C. 云层从高空分散逐渐向低空分散变化，大气压力不断降低

52. 气压式高度表的拨正 QNH，高度表指示_____。

    A. 海面气压

    B. 修正海平面气压高度

    C. 场压高度

53. 气压高度表的拨正值 QFE 含义为_____。

    A. 场面气压

    B. 场面气压高度

    C. 海平面气压

54. 气压高度表通过测量大气的什么参数来反映飞行高度？_____

    A. 大气密度

    B. 大气压力

    C. 大气温度

55. 飞行高度是指_____。

    A. 飞机飞行的高度

    B. 飞机到某一基准面的垂直距离

    C. 飞机到机场平面的垂直距离

56. 卫星云图主要分为哪两类？_____

    A. 红外云图和可见光卫星云图

    B. 红外云图和色调强化卫星云图

    C. 色调强化卫星云图和可见光卫星云图

57. 雷暴在积云阶段所具有的特征是_____。

    A. 云中充满上升气流

    B. 频繁的闪电

    C. 升降气流并存

58. 下列哪个因素对多轴航拍效果影响最大？_____

    A. 负载类型

    B. 负载体积

    C. 风速

59. 多轴飞行器在没有发生机械结构改变的前提下，如发生漂移，不能直线飞行时，不需关注的是_____。

    A. 调整重心位置

    B. 指南针校准

    C. GPS 定位

60. 八轴飞行器某个电机发生故障时，对应做出类似停止工作的电机应是_____电机。

    A. 俯视顺时针方向下一个

    B. 俯视顺时针方向下一个

    C. 对角

61. 多轴飞行器在前飞中必然会产生_____变化。

    A. 偏航角

    B. 横滚角

    C. 俯仰角

62. 对于多轴航拍飞行器云台说法正确的是_____。

    A. 云台是航拍设备的增稳和操纵装置

    B. 云台的效果与传统舵机一样

    C. 云台保证无人机在云层上飞行的安全

63. 相对于传统直升机，多轴的劣势是_____。

    A. 速度

    B. 载重能力

    C. 悬停能力

64. 聚合物锂电池单体充满电后的电压一般为_____。

    A. 3.7V

    B. 4.2V

    C. 3.3V

65. 多轴飞行器上的链路天线应尽量_____飞控和 GPS 天线安装。

    A. 贴合

    B. 靠近

    C. 远离

66. 多轴飞行器悬停转向和以 10km/h 速度前飞转向中_____。

    A. 横滚角不同

    B. 横滚角不确定

    C. 横滚角相同

67. 多旋翼飞行器悬停时的平衡不包括_____。

    A. 俯仰平衡

    B. 升力平衡

    C. 诱导阻力平衡

68. 四轴在原地左转，哪种桨加速？_____

    A. 顺时针相邻两个桨加速

    B. 顺时针相对两个桨加速

    C. 逆时针相对两个桨加速

69. 部分多轴飞行器会安装垂尾_____。

   A. 会减小高速前飞时的稳定性，增加悬停时的稳定性

   B. 会增加高速前飞时的稳定性，减小悬停时的稳定性

   C. 会增加高速前飞时的稳定性，增加悬停时的稳定性

70. 垂直爬升时升限为海拔1000m的多轴飞行器，如果在10km/h的前飞中爬升，其升限_____。

   A. 将保持不变

   B. 将升高

   C. 将降低

71. 关于部分多轴飞行器，机臂上反角设计描述正确的是_____。

   A. 提高机动性

   B. 减少电力损耗

   C. 提高稳定性

72. 多轴飞行器上的电信号传播顺序一般为_____。

   A. 飞控—电调—机载遥控接收机—电机

   B. 机载遥控接收机—飞控—电调—电机

   C. 飞控—机载遥控接收机—电机—电调

73. 多轴飞行器不属于以下哪个概念范畴？_____

   A. 直升机

   B. 重于空气的航空器

   C. 自转旋翼机

74. 多轴飞行器的飞控指的是_____。

   A. 机载任务系统

   B. 机载导航飞控系统

   C. 机载遥控接收机

75. 关于多轴飞行器机桨与电机匹配描述错误的是_____。

   A. 大螺旋桨要用低kV电机

   B. 小螺旋桨要用高kV电机

   C. 大螺旋桨要用高kV电机

76. 线圈匝数越多的电机，kV 值_____。

    A. 越高

    B. 无关

    C. 越低

77. 大多数多轴飞行器自主飞行过程利用_____实现位置感知。

    A. 捷联惯导

    B. GPS

    C. 平台惯导

78. 飞机的爬升角是指_____。

    A. 飞机上升轨迹与水平线之间的夹角

    B. 飞机立轴与水平线之间的夹角

    C. 飞机横轴与水平线之间的夹角

79. 飞机着陆的过程是_____。

    A. 减速下滑、拉平接地和减速滑跑三个阶段

    B. 下滑、拉平、平飘、接地和着陆滑跑五个阶段

    C. 下滑、拉平、接地、着陆滑跑和刹车五个阶段

80. 下列叙述与飞机的正常盘旋飞行无关的是_____。

    A. 保持飞行高度不变

    B. 保持飞机作圆周飞行

    C. 保持飞机等速直线飞行

81. 飞机平飞要有足够的升力来平衡飞机的重力，产生该升力所需的速度叫作_____。

    A. 飞机平飞所需速度

    B. 飞机平飞有利速度

    C. 飞机平飞最大速度

82. 飞机爬升角的大小取决于_____。

    A. 剩余推力

    B. 飞机重量

    C. 剩余推力和飞机重量

83. 飞机下滑距离_____。

    A. 与下滑高度有关

    B. 与下滑角无关

    C. 与下滑高度无关

84. 飞机离地速度越小，则_____。

    A. 滑跑距离越短，飞机的起飞性能越好

    B. 滑跑距离越短，飞机的起飞性能越差

    C. 滑跑距离越长，飞机的起飞性能越好

85. 同架同样重量的飞机_____。

    A. 在高原机场降落比在平原机场降落需要的跑道短

    B. 在高原机场降落比在平原机场降落需要的跑道长

    C. 在高原机场降落和在平原机场降落需要的跑道一样长

86. 无人机能获得平飞航时最长的速度是_____。

    A. 飞机平飞所需速度

    B. 飞机平飞有利速度

    C. 飞机平飞最大速度

87. 无人机能获得平飞航程最长的速度是_____。

    A. 飞机平飞有利速度

    B. 飞机平飞最大速度

    C. 飞机平飞远航速度

88. 飞机平飞航程的长短_____。

    A. 决定于平飞可用燃油量多少

    B. 决定于平飞的高度

    C. 决定于发动机小时耗油量的大小

89. 下列哪些是正确的？_____

    A. 牛顿第三运动定律表明，要获得给定加速度所施加的力的大小取决于无人机的质量

    B. 牛顿第二运动定律表明作用力和反作用力是大小相等方向相反的

    C. 如果一个物体处于平衡状态，那么它就有保持这种平衡状态的趋势

90. 不稳定运动状态与稳定运动或者静止状态的情况不同之处就是多了_____。

   A. 速度

   B. 加速度

   C. 重力加速度

91. 在大风中自驾飞行的固定翼民用无人机，航线左转 90°，_____。

   A. 逆风左转 90°，转出的弯大

   B. 逆风、顺风左转 90°，转出的弯一样大

   C. 顺风左转 90°，转出的弯大

92. 通过一个收缩管道的流体，在管道的收缩区，速度的增加必然造成收缩区压力_____。

   A. 增加

   B. 减少

   C. 不变

93. CL = 1.3 和 CL = 1.0，_____。

   A. 前者产生更大升力

   B. 后者产生更大升力

   C. 产生升力相等

94. 公式 $L = Wg$ _____。

   A. 适用于飞行器下滑过程

   B. 适用于飞行器爬升过程

   C. 都不适用

95. 影响升力的因素_____。

   A. 飞行器的尺寸或面积、飞行速度、空气密度

   B. CL

   C. 都是

96. 对于下滑中的飞机来说，升力和重力关系，_____。

   A. $L = Wg \cos \alpha$

   B. $L = Wg \sin \alpha$

   C. $L = Wg$

97. 在机翼上，驻点处是_____。

    A. 空气与前缘相遇的地方

    B. 空气与后缘相遇的地方

    C. 都不正确

98. 如果对称机翼相对来流仰头旋转了一个迎角，驻点_____。

    A. 稍稍向前缘的上表面移动

    B. 稍稍向前缘的下表面移动

    C. 不会移动

99. 遥控无人机着陆拉平时，拉杆的快慢和下降速度的关系是_____。

    A. 下降慢，拉杆应慢一些

    B. 下降慢，拉杆应快一些

    C. 还按正常时机拉杆

100. 遥控无人机着陆拉平时，对拉平操作描述不恰当的是_____。

    A. 正确的拉平动作，必须按照实际情况

    B. 主动地、有预见地、机动灵活地去操纵飞机

    C. 严格按高度值执行动作

综合问答（10道题）

1. 哪个可以设定教练主控，学员副控？_____

    A. Trainer

    B. Display

    C. METRIC

2. 以下哪个不是在系统菜单设置里的功能？_____

    A. Sound

    B. User Name

    C. function

3. THR 控制飞机哪个方向的运动？_____

    A. 沿横轴左右运动

    B. 沿立轴上下运动

    C. 沿纵轴前后运动

4. 一般民用无人机所使用遥控器的频率？_____

    A. 2.4ZHz

    B. 2.4GHz

    C. 2.4WHz

5. 以下哪项为固定翼的英文？_____

    A. Multirotor

    B. Helicopter

    C. Airplane

6. 多轴在测试电机，电调时最重要的安全措施是什么？_____

    A. 不接动力电

    B. 卸下电机

    C. 卸下螺旋桨

7. 电池放在机体哪里会使飞行更灵活？_____

    A. 下面

    B. 中间

    C. 上面

8. 要想飞机飞行更稳定，负载应_____。

    A. 靠近重心安装

    B. 尽量向下远离重心位置安装

    C. 尽量向上远离重心位置安装

9. 飞行前检查的第一项是_____。

    A. 电压

    B. 紧固件

    C. 重心

10. 无人机有几个运动轴，几个自由度？_____

　　A. 3个运动轴，1个自由度

　　B. 3个运动轴，3个自由度

　　C. 3个运动轴，6个自由度

模拟考试五答案

理论（100道题）

1. C　2. C　3. C　4. C　5. B　6. B　7. A　8. C　9. A　10. C

11. A　12. B　13. A　14. B　15. C　16. C　17. C　18. C　19. A　20. C

21. C　22. C　23. A　24. C　25. A　26. C　27. C　28. B　29. A　30. A

31. B　32. C　33. C　34. A　35. B　36. B　37. B　38. A　39. A　40. B

41. B　42. A　43. B　44. C　45. A　46. B　47. A　48. B　49. A　50. C

51. C　52. B　53. A　54. B　55. B　56. A　57. A　58. C　59. A　60. C

61. C　62. A　63. B　64. C　65. C　66. A　67. C　68. B　69. B　70. B

71. A　72. B　73. C　74. A　75. B　76. A　77. B　78. A　79. B　80. C

81. A　82. C　83. A　84. A　85. B　86. B　87. C　88. A　89. C　90. B

91. C　92. B　93. A　94. C　95. C　96. A　97. A　98. B　99. A　100. C

综合问答（10道题）

1. A　2. C　3. B　4. B　5. C　6. C　7. C　8. A　9. B　10. C